Devaiah Malkapuram

CMCs de Al2O3/SiC processados por DIMOX através de liga de Al: Propriedades físicas

Devaiah Malkapuram

CMCs de Al2O3/SiC processados por DIMOX através de liga de Al: Propriedades físicas

ScienciaScripts

Imprint

Any brand names and product names mentioned in this book are subject to trademark, brand or patent protection and are trademarks or registered trademarks of their respective holders. The use of brand names, product names, common names, trade names, product descriptions etc. even without a particular marking in this work is in no way to be construed to mean that such names may be regarded as unrestricted in respect of trademark and brand protection legislation and could thus be used by anyone.

Cover image: www.ingimage.com

This book is a translation from the original published under ISBN 978-3-659-85800-0.

Publisher:
Sciencia Scripts
is a trademark of
Dodo Books Indian Ocean Ltd. and OmniScriptum S.R.L publishing group

120 High Road, East Finchley, London, N2 9ED, United Kingdom
Str. Armeneasca 28/1, office 1, Chisinau MD-2012, Republic of Moldova, Europe
Managing Directors: Ieva Konstantinova, Victoria Ursu
info@omniscriptum.com

Printed at: see last page
ISBN: 978-620-8-52398-5

Índice

1. INTRODUÇÃO

Muitos materiais satisfizeram as necessidades, tanto triviais como críticas, no que diz respeito à sua utilidade. Algumas das aplicações mais comuns dos materiais são classificadas em estruturais, eléctricas, magnéticas, electrónicas, electromagnéticas, etc. Entre estas, as utilizações estruturais têm sido uma parte integrante de todas as actividades de desenvolvimento. Consequentemente, o conhecimento das propriedades mecânicas e o efeito dos métodos de processamento primário e secundário (caso existam) sobre as mesmas, de vários materiais, têm sido de importância significativa. Este facto levou à evolução da disciplina de estudo conhecida como "Resistência dos Materiais", que se ocupa do estudo das propriedades dos materiais sob a aplicação de cargas mecânicas de vários tipos: tração, compressão, rutura. Para citar, algumas das propriedades mecânicas mais importantes são o limite de elasticidade, a resistência à flexão, a resistência à fratura, a dureza, a resistência ao desgaste, etc. Com base nas propriedades mecânicas acima mencionadas, o projetista tem a opção de escolher polímeros, metais e suas ligas ou cerâmicas, dependendo das magnitudes e direcções das cargas que podem ser encontradas durante o período de serviço de uma estrutura. A Figura 1.1 mostra as temperaturas máximas de utilização de vários materiais estruturais. A figura 1.2 mostra uma comparação das propriedades importantes de cerâmicas, metais e polímeros.

Tabela 1.1 Uma visão geral das propriedades de vários materiais estruturais em uso.

	Polímeros	*Metais*	*Cerâmica*
Tensão final (MPa)	40-70	200 - 620	420 - 3300 (fibra)
Módulo de elasticidade (GPa)	2 - 4	200-500	350 - 900
Densidade (gm/cc)	0.9 -1.3	8.0 - 22.4	2.2 - 5.2
CTE $\mu m/m\ C^\circ$	75 - 100	0.2 - 26.0	0.2 - 6.8
Alongamento (%)	50	1- 45	-
Temperatura de funcionamento ($^\circ$ C)	316	1000	1500

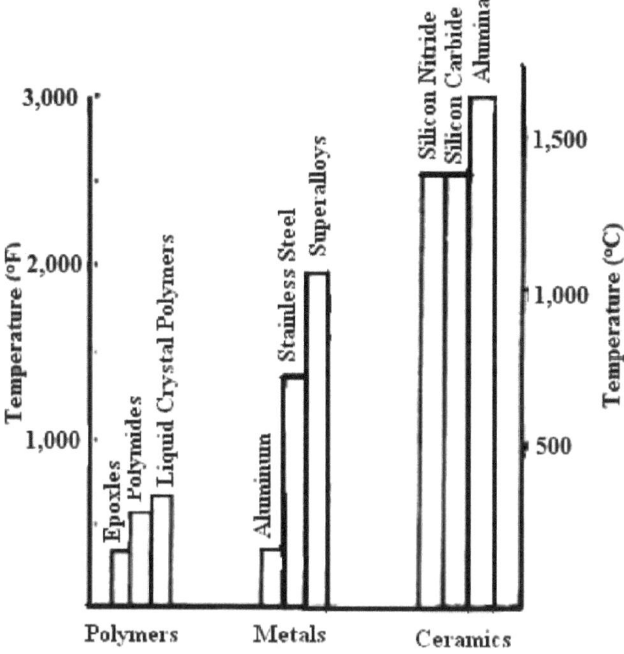

Figure 1.1   Temperaturas máximas de utilização de vários materiais estruturais [1]

	Ceramic	Metal	Polymer
Hardness	⬆	⬇	⬇
Elastic modulus	⬆	⬆	⬇
High temperature strength	⬆	⬇	⬇
Thermal expansion	⬇	⬆	⬆
Ductility	⬇	⬆	⬆
Corrosion resistance	⬆	⬇	⬇
Resistance to wear	⬆	⬇	⬇
Electrical conductivity	⬍	⬆	⬇
Density	⬇	⬆	⬇
Thermal conductivity	⬍	⬆	⬇

⬆ Tendency to high values   ⬇ Tendency to low values

Figure 1.2 Uma comparação das propriedades de cerâmicas, metais e polímeros [1]

Os materiais estruturais têm sido explorados em quase todos os sectores, como a defesa, a indústria aeroespacial, o sector automóvel, a indústria mineira, a refinação de petróleo, etc. Um exemplo digno de nota entre os desenvolvimentos nestes sectores é a invenção dos motores a jato de alta velocidade. Os materiais convencionais utilizados nos conjuntos de rotor dos motores a jato são o aço inoxidável, o Ti, as superligas à base de Ni, etc., que têm elevada resistência, tenacidade à fratura, alongamento, etc., a temperaturas de funcionamento relativamente elevadas. Devido à elevada velocidade do rotor e à natureza metálica dos materiais envolvidos, a grande quantidade de calor gerada, que provoca um aumento da temperatura do conjunto das pás do rotor, pode causar problemas a temperaturas elevadas. O funcionamento do motor a jato pode ser prejudicado devido a danos nas pás, no veio, etc., causados por fadiga e expansão térmica. Tendo em conta os factos acima referidos, como se pode ver no Quadro 1.1, uma melhor alternativa aos materiais convencionais utilizados nos motores a jato seriam os materiais cerâmicos, devido à sua menor densidade. Estes materiais têm o potencial de aumentar a eficiência do combustível porque, devido à sua maior resistência a temperaturas mais elevadas, podem permitir um funcionamento a temperaturas mais elevadas. A sua natureza refractária combinada com a resistência à corrosão química seria um atrativo adicional. As suas taxas de fluência relativamente baixas e a sua elevada resistência à oxidação a temperaturas mais elevadas podem fazer deles os materiais de eleição.

No entanto, a baixa tenacidade dos materiais cerâmicos tem sido um impedimento à sua utilização generalizada em aplicações estruturais que vão desde turbinas a gás de alta temperatura e motores diesel adiabáticos a ferramentas de corte e outras peças resistentes ao desgaste. Em cada uma destas aplicações, as propriedades benéficas dos materiais cerâmicos, como a elevada rigidez, resistência e dureza, baixa densidade, resistência à corrosão e à oxidação e resistência ao desgaste a altas temperaturas, foram exploradas até aos seus limites. Com o aumento constante dos requisitos de desempenho dos materiais de engenharia, as propriedades dos materiais monolíticos foram levadas aos seus limites. As cerâmicas monolíticas possuem resistência a altas temperaturas, mas não têm a resistência à fratura necessária para muitas aplicações.

Os materiais cerâmicos têm propriedades que os tornam candidatos ideais para muitas aplicações a temperaturas elevadas, tais como permutadores de calor e componentes de motores de turbina. Devido à natureza refractária das cerâmicas, estas são, por vezes, a única escolha para um material que pode potencialmente satisfazer os requisitos mais exigentes, particularmente a altas temperaturas. Para além de oferecerem elevadas temperaturas de fusão ou de decomposição, muitos materiais cerâmicos possuem outras caraterísticas atractivas, tais como baixa densidade, resistência a altas temperaturas, elevada dureza e resistência à deformação por fluência, estabilidade termoquímica e ausência de reatividade em contacto com outros materiais e várias atmosferas e, por último, mas não menos importante, elevada resistência ao desgaste. A Tabela 1.2 apresenta as propriedades das cerâmicas estruturais. A resistência à fratura, ou seja, a resistência à propagação de uma fenda fina, é baixa nas cerâmicas, o que as torna sensíveis a falhas catastróficas súbitas em resposta a sobrecargas acidentais, danos por contacto ou mudanças rápidas de temperatura.

Tabela 1.2 Propriedades das cerâmicas estruturais [1]

	Al2O3	SiC	Si3N4	ZrO2
Resistência à flexão (MPa)	330	550	689	400-620
Resistência à fratura (MPa m)$^{1/2}$	4.0	4.0 - 5.0	5.7	6-10
Dureza (kg/mm)^2	1175	2800	1450	1100
Densidade (g/cc)	3.9	3.2	3.2	5.6
Módulo de elasticidade (GPa)	300	410	310	200
CTE (µm/m-°C)	8.1	4.3 - 4.4	3.3	5-10
Resistência à compressão (MPa)	2100	3900	---	1800-4820

Foram sugeridos vários métodos, e suas variantes, como forma de aumentar a resistência à fratura em materiais cerâmicos [3-4]. Estes incluem o controlo do tamanho do grão, da porosidade e de outras caraterísticas microestruturais [4-5]; também o endurecimento por transformação é feito pela incorporação de cerâmicas tetragonais à base de ZrO2 [6].

O fabrico de materiais compósitos através da incorporação de fibras metálicas e/ou cerâmicas/whiskers/partículas tem sido uma abordagem atractiva para melhorar a resistência à fratura das peças cerâmicas [7-8]. A tenacidade à fratura dos materiais cerâmicos pode ser melhorada através da incorporação de segundas fases, tais como reforços metálicos que possuem elevadas magnitudes de tenacidade. A adição de partículas de segunda fase, tanto dúcteis como frágeis, não só afecta as caraterísticas microestruturais como também as propriedades mecânicas [3]. As partículas de segunda fase podem desempenhar uma série de papéis. Podem desviar as fissuras das suas trajectórias, fazer com que se curvem entre obstáculos, causar bifurcações ou provocar a nucleação de microfissuras adicionais antes da fissura primária [9-10]. Em muitos materiais compósitos baseados em diferentes sistemas de óxidos, carbonetos e nitretos, as contribuições das inclusões de segunda fase estão bem documentadas [3]. Do mesmo modo, o endurecimento de cerâmicas frágeis utilizando reforços dúcteis foi estudado por vários investigadores [3-4]. No entanto, as aplicações de compósitos com dispersão metálica estão limitadas a temperaturas mais baixas (< 600° C) devido ao amolecimento da fase metálica. Os materiais típicos de nitreto de silício policristalino monolítico têm uma tenacidade à fratura na gama de 4-6 MPa√m (Campbell e Ranaiby 1995), enquanto o carboneto de silício (SiC) tem uma tenacidade à fratura na gama de 3-4 MPa√m. Campbell e Ranaiby relataram resistência à fratura na gama de 3,5 - 5 MPa√m para partículas de SiC.

Um material compósito é uma combinação macroscópica de dois ou mais materiais distintos, com uma interface reconhecível entre eles. Os compósitos podem ser classificados com base na forma do reforço em compósitos reforçados com fibras, fibras curtas, bigodes, plaquetas e partículas e são apresentados na Figura 1.3. Entre as várias classes de materiais compósitos, os compósitos de matriz cerâmica têm atraído uma atenção considerável devido às suas propriedades mecânicas, térmicas, físicas e de resistência ao desgaste.

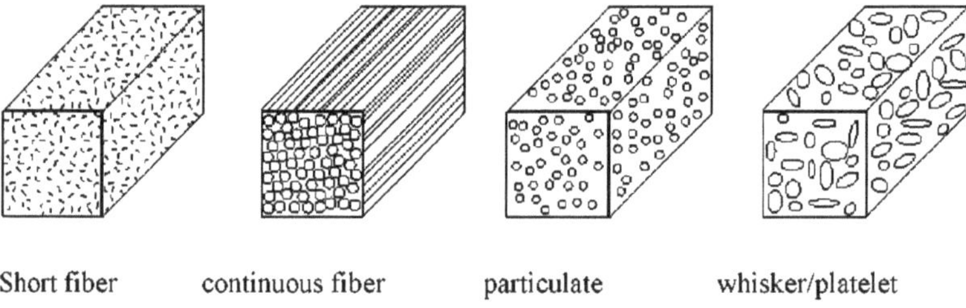

Figure 1.3 Classificação dos compósitos com base na forma do reforço

Os compósitos de matriz cerâmica, que têm materiais cerâmicos como fase matriz, têm sido atractivos para utilização em muitas aplicações, normalmente como ferramentas de corte. Os rolamentos de ferramentas de corte em cerâmica e os materiais de vedação de bombas são utilizados para maquinar vários tipos de materiais de trabalho, como ferro fundido, aço carbono simples, aço endurecido e ligas à base de níquel. Em geral, os materiais das ferramentas de corte cerâmicas são mais resistentes ao desgaste do que as ferramentas de carboneto cimentado em termos de vida útil. Charles Wick [12] referiu que a mudança de ferramentas de carboneto revestido para ferramentas cerâmicas à base de alumina resultou numa melhoria do tempo de vida da ferramenta em 2,5 vezes, para além de uma taxa de remoção de metal mais rápida na maquinagem de cubos de eixos de automóveis feitos de ferro maleável. Chakraborty *et al.* [13] afirmaram que as ferramentas cerâmicas apresentam um desempenho muito melhor do que as ferramentas de metal duro, especialmente a velocidades de maquinagem mais elevadas, tanto em termos de vida da ferramenta como de rugosidade da superfície da peça. As pastilhas cerâmicas à base de alumina produzem geralmente um acabamento superficial mais suave durante mais tempo, eliminando por vezes a necessidade de uma retificação posterior [14]. Os avanços nos compósitos cerâmicos resultaram no aparecimento de novos materiais. As ferramentas à base de alumina apresentam elevada dureza e muito boa estabilidade química, pelo que são utilizadas em muitas aplicações de corte. O controlo da microestrutura levou ao desenvolvimento de materiais compósitos cerâmicos para ferramentas de corte, como a alumina reforçada com carboneto de silício, que são promissores para a aplicação em ferramentas de corte. O óxido de alumínio tem propriedades excecionalmente boas, como elevada dureza, inércia química, elevado ponto de fusão e resistência ao desgaste.

Ao projetar um material compósito para aplicações estruturais a alta temperatura, as propriedades importantes são a resistência mecânica a alta temperatura, a resistência à corrosão, a resistência ao choque térmico e a resistência ao desgaste. Normalmente, um projetista tem a opção de escolher materiais de carboneto de silício ou nitreto de silício com resistência a altas temperaturas e resistência ao choque térmico, mas estes são caros e apresentam uma resistência inadequada à corrosão/oxidação. Por outro lado, a alumina oferece excelente resistência à corrosão, mas tem baixa resistência, resistência à fluência e resistência ao choque térmico; os compósitos de matriz de alumina reforçados com partículas de SiC (SiC/Al2O3) têm o potencial de oferecer boa resistência e resistência ao choque térmico devido ao carboneto de silício, mantendo a resistência à corrosão e à oxidação do óxido de alumínio. Entre os compósitos de matriz cerâmica populares, os compósitos de matriz de alumina são classificados com alta tenacidade à fratura de (8 - 12 MPa√m), contra um valor de 3 - 4 MPa√m para cerâmicas convencionais. Assim, há um grande interesse em avaliar o potencial dos compósitos de matriz de alumina para aplicações estruturais de ponta envolvendo operações a altas temperaturas.

Os compósitos SiCp/Al2O3 são frequentemente preparados por processos de alta temperatura a partir de pós de alumina e SiC. O processo de Oxidação Dirigida de Metais (DIMOX), inventado pela Lanxide Corporation, é uma alternativa muito atractiva. Neste processo, permite-se que o alumínio metálico fundido cresça como óxido numa pré-forma preparada a partir do reforço, por exemplo, partículas de SiC de um tamanho escolhido, ou uma mistura de partículas de SiC de diferentes tamanhos. O processo é extremamente difícil de desencadear e manter porque o alumínio puro fundido não oxida mesmo após exposição prolongada ao ar a altas temperaturas, devido à formação de uma camada de óxido passivante.

É sabido que a Lanxide Corporation utilizou uma combinação de aditivos para provocar o crescimento de alumina a partir de metal fundido. Dizia-se que este crescimento era dirigido, ou seja, o crescimento era permitido apenas na direção pretendida e restringido nas outras direcções. Este controlo permitiu o fabrico de produtos com forma quase líquida. A natureza exacta dos aditivos era um segredo comercial, embora se soubesse que o Mg e o Si presentes no Al fundido podiam ajudar o crescimento. A configuração experimental que permitia o crescimento dirigido e, por conseguinte, o fabrico de produtos quase em forma de rede, os dopantes adicionais que poderiam desencadear um crescimento robusto do compósito, a atmosfera e as temperaturas óptimas a que o processo poderia ser realizado para o crescimento de grandes amostras, não eram todos conhecidos com precisão. Um possível método de fabrico das pré-formas do material de reforço com uma extensão suficiente de porosidade contínua para permitir o crescimento do compósito era outra questão que necessitava de maior clarificação.

O processo DIMOX desenvolvido pela Lanxide Corporation parece, à partida, muito atrativo. De acordo com os poucos artigos publicados ou panfletos comerciais disponíveis [31, 33], na sua maioria da empresa inventora ou de trabalhadores que utilizaram amostras produzidas pela empresa inventora, trata-se de um processo a baixa temperatura que forma componentes quase em forma de rede de dimensões pequenas a muito grandes. A empresa anuncia produtos como cadinhos, bombas de metal líquido, tubos de gás de alta temperatura, etc. Os níveis de resistência exigidos nestas aplicações não são muito elevados. Uma vez que o processo Lanxide parece muito atrativo, é interessante verificar se as amostras produzidas pelo processo são limitadas em termos de resistência por caraterísticas como a porosidade, o alumínio metálico residual nos compósitos após a conclusão do processo, etc. É de esperar que um compósito de alumina e carboneto de silício tenha um coeficiente de expansão térmica relativamente baixo e, por conseguinte, ofereça uma boa resistência ao choque térmico; seria útil como material de embalagem eletrónica porque os seus coeficientes de expansão térmica poderiam ser comparáveis aos de materiais semicondutores como o silício; e porque é provável que tenham condutividades térmicas comparáveis às do alumínio devido aos canais de alumínio metálico deixados nos compósitos pelo processo. Existe muito pouco estudo sistemático na literatura sobre as propriedades dos compósitos Lanxide Alumina/SiC, e a literatura publicada limita-se ao estudo de amostras preparadas pela empresa, e as propriedades medidas são apenas as de interesse para a empresa em amostras comerciais. Não existe na literatura um estudo sistemático das propriedades mecânicas ou de propriedades como a condutividade térmica e a expansão térmica.

Foi relatado que os compósitos de SiC/alumina fabricados pelo processo Lanxide contêm três fases diferentes, SiC em blocos e alumina, esta última formada pela oxidação do metal de alumínio, e também canais de liga de alumínio formados por wicking do metal fundido durante o crescimento do compósito. O teor de liga de alumínio foi relatado como sendo de cerca de 1-7%, dependendo da temperatura a que o compósito é aquecido novamente após o seu crescimento, haveria menos alumínio, e mais porosidade, deixada nos canais de crescimento, quando a temperatura de recozimento é alta. Uma caraterística importante que pode ser esperada nos compósitos é a porosidade, tanto microscópica como macroscópica; a empresa, por razões óbvias, não a discute muito. A presença de porosidade pode afetar significativamente as propriedades mecânicas.

Há muito pouco trabalho na literatura sobre o estudo de compósitos de Lanxide, principalmente porque é muito difícil descobrir como cultivar amostras suficientemente grandes para medições de propriedades físicas. Vários grupos tentaram fazer o mesmo e conseguiram produzir amostras com alguns milímetros de dimensão. O trabalho relatado trata dos parâmetros que influenciam o crescimento do compósito e a identificação das diferentes fases que se formam durante o crescimento. As amostras eram demasiado pequenas para efetuar medições das propriedades físicas e os resultados, se os houver, dificilmente podem ser representativos das amostras a granel,

As temperaturas a que o crescimento do compósito poderia ser optimizado, as atmosferas gasosas em que o crescimento seria robusto mas não demasiado vigoroso para impedir a moldagem controlada, eram questões importantes. A literatura discute a presença de Mg e Si na massa fundida, auxiliando o crescimento da alumina a partir de uma poça fundida, mas a literatura publicada discute apenas peças compostas de tamanho milimétrico quando se utilizam apenas esses dois elementos para auxiliar o crescimento. Os artigos também discutem um método em que a superfície de uma liga de alumínio fundido contendo Mg e Si foi perturbada para iniciar o crescimento do compósito, abrindo o forno a altas temperaturas. Este método seria difícil na prática e não seria adequado para aplicação industrial.

Obviamente, os dopantes exactos e as condições em que devem ser utilizados tinham de ser discernidos se se pretendia obter um crescimento robusto do compósito. A empresa chama ao processo "crescimento direcionado" do compósito e este pode ser direcionado para o ar ou para reforços como o SiC. A forma como o alumínio fundido tinha de ser persuadido a crescer apenas na(s) direção(ões) selecionada(s) e impedido de crescer em direcções indesejadas era um quebra-cabeças interessante e importante.

O presente trabalho tem como objetivo otimizar o processo DIMOX e obter uma janela de processo adequada que permita o fabrico de grandes amostras de compósitos SiCp/Al2O3 para a medição de propriedades mecânicas e também de outras propriedades físicas. Para tal, foi necessário descobrir promotores/dopantes de crescimento até agora não registados, para permitir um crescimento robusto, mas controlado, do compósito. De preferência, o dopante devia ser adicionado à temperatura ambiente durante o fabrico de um conjunto adequado constituído pela liga de alumínio e pelos reforços; o conjunto devia então ser introduzido no forno para o crescimento do compósito. O conjunto teria de consistir numa pré-forma de SiC preparada a partir de partículas de tamanho adequado ou de uma mistura de tamanhos de partículas, e a liga de alumínio, adequadamente ligada, teria de ser mantida em contacto com ela. Tinha de ser escolhido um material de molde adequado para efetuar o processo a alta temperatura que conduziria a compósitos quase em forma de rede, e tinha de ser concebido um método de fabrico do molde. Tinha de ser estabelecido um método para parar o crescimento do compósito através dos reforços na superfície do molde. O programa de temperatura para o processo tinha de ser elaborado. Era necessário criar uma atmosfera adequada para o processo. Era necessário desenvolver métodos de maquinação dos compósitos duros para preparar espécimes de dimensões normalizadas para várias medições.

É de esperar que as fracções de volume relativo das fases presentes num material compósito desempenhem um papel significativo no controlo das suas propriedades [115]. Os compósitos contendo várias fracções volumétricas de SiC, preparados da forma acima descrita, foram caracterizados pelas medições das propriedades mecânicas e físicas. A resistência à flexão, a resistência à fratura, a resistência à compressão, a dureza, o coeficiente de expansão térmica, o módulo de Young e a resistência ao desgaste dos compósitos foram sistematicamente medidos em função do teor de SiC. Os resultados experimentais são depois comparados com os previstos pelo método dos elementos finitos.

1.1. Processamento de compósitos de matriz cerâmica

Os compósitos cerâmicos reforçados apresentam alguns dos problemas de processamento mais difíceis conhecidos para a cerâmica. A combinação dos requisitos para otimizar as propriedades mecânicas, as interfaces matriz-reforço e a relativa instabilidade de muitos reforços em relação à temperatura, atmosfera e reação química com a matriz, impõem limitações rigorosas às temperaturas e tempos de processamento. Para além disso, os sistemas compósitos são inerentemente difíceis de densificar sem pressão externa devido a efeitos físicos distintos [15]. A presença de porosidade é um dos principais factores que afectam as propriedades globais dos compósitos de matriz cerâmica.

A origem da porosidade e de qualquer inomogeneidade microestrutural desenvolvida num material pode ser atribuída às condições de processamento empregues no fabrico de materiais e, em geral, de materiais compósitos. No contexto atual dos materiais compósitos de matriz cerâmica, estão disponíveis vários métodos de fabrico, dependendo de várias classes de compósitos. O domínio do processamento de materiais compósitos, compósitos de matriz cerâmica, é em si mesmo vasto e abrange um grande número de métodos de fabrico, algumas das técnicas, novas ou não, não são mais do que variantes do processamento de cerâmicas monolíticas. No que respeita aos compósitos de oxidação de metais, a matriz é uma cerâmica e contém uma fase metálica menor. Para fabricar compósitos de matriz cerâmica, estão disponíveis vários processos metalúrgicos que se baseiam na ligação por difusão no estado sólido, na deposição em fase vapor e no DIMOX. As variantes de cada um destes processos são discutidas brevemente.

1.1.1. Prensagem a frio e sinterização

Nesta técnica, a matriz e os pós de reforço são misturados e compactados à temperatura ambiente e subsequentemente sinterizados para obter uma boa ligação e densificação. A Figura 1.4 mostra uma vista esquemática do processo de consolidação de pós. Para além do problema da retração, existem problemas associados a este método, como o reforço de elevado rácio de aspeto. As fibras e os whiskers podem formar redes que podem inibir o processo de sinterização. Dependendo da diferença nos coeficientes de expansão térmica entre os reforços e a matriz, pode desenvolver-se uma tensão de tração hidrostática após o arrefecimento. Como consequência, a densificação pode ser retardada em matrizes cristalinas na presença de reforços tão baixos quanto 3 vol% [16]. A contração associada à etapa de sinterização conduz frequentemente ao desenvolvimento de fissuras finas no compósito.

C. Gault *et al.* relatam o módulo de Youngs de duas cerâmicas à base de Al2O3 fabricadas por sinterização. O módulo de Youngs foi medido pelo método de vibração ultra-sónica e foi encontrado em 78 GPa e 141 GPa, respetivamente [17]. W.J. Lackey *et al* [18] estudaram compósitos de matriz de SiC fabricados por processo de sinterização, que exibiram um módulo de Youngs na faixa de 375-420 GPa e uma tenacidade à fratura na faixa de 2,5-6,5 MPa√m.

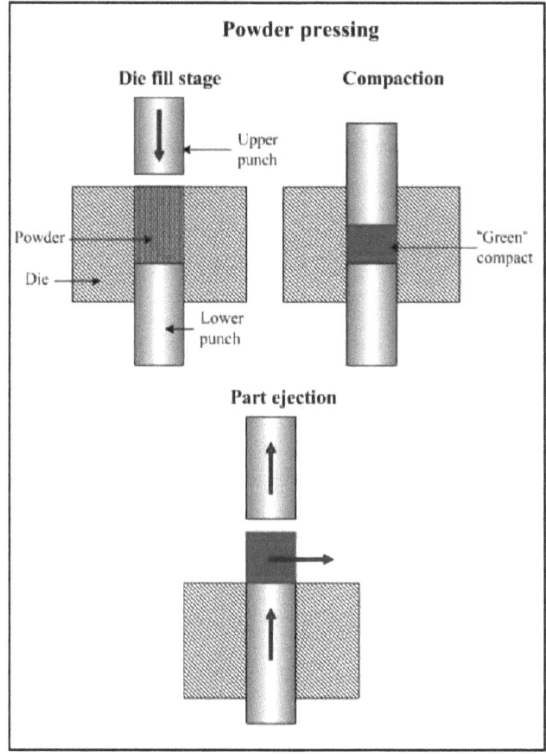

Figura 1.4 Vista esquemática do processo de consolidação do pó

1.1.2. Prensagem a quente

Outra técnica de processamento conhecida como prensagem a quente é ideal para a formação de formas cerâmicas simples e consiste em três etapas básicas: enchimento da matriz, compactação do conteúdo, calor, compactação sob calor e arrefecimento e ejeção do sólido prensado. A principal diferença é que, na prensagem a quente, o conjunto da matriz está contido num forno de alta temperatura, como se mostra na Figura 1.5. Durante a prensagem a quente, os pós cerâmicos sinterizam-se para formar um componente de alta densidade. No caso da prensagem a quente, os poros grandes que são causados pela mistura não uniforme são facilmente removidos. A densificação pode ser efectuada a temperaturas mais baixas do que as necessárias para a sinterização convencional sem pressão. O crescimento extensivo de grãos ou a recristalização secundária não ocorrem quando mantemos a temperatura baixa durante a densificação. Podemos densificar materiais ligados covalentemente, como B4C, SiC e Si3N4, sem aditivos. Na prensagem a quente, as matrizes para utilização a altas temperaturas são caras e geralmente não duram muito tempo. A maioria dos metais tem pouca utilidade como materiais de matriz acima de 1000º C, porque se tornam dúcteis e a matriz incha. As ligas especiais, maioritariamente Mo, podem ser utilizadas até 1000º C a uma pressão de cerca de 80 MPa. As cerâmicas como Al2O3, SiC e Si3N4 podem ser utilizadas até 1400º C a pressões semelhantes. A prensagem a quente, tal como a prensagem a seco, está limitada a formas sólidas simples, tais como placas planas, blocos e cilindros. Formas mais complexas ou grandes são difíceis e muitas vezes impossíveis de produzir por prensagem a quente. A técnica é limitada como ferramenta de produção devido ao seu elevado custo e baixa produtividade.

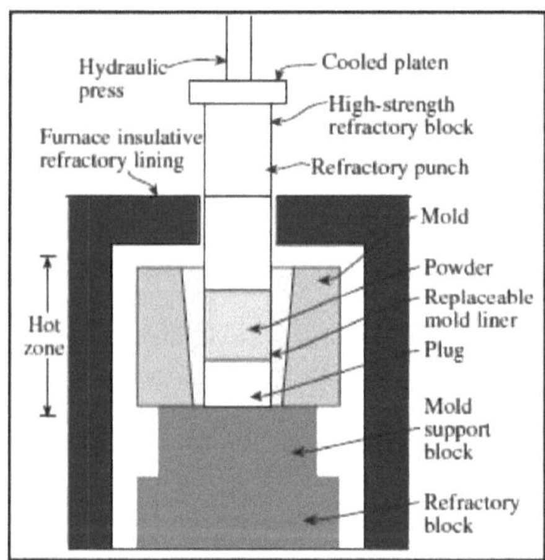

Figura 1.5 Esquema mostrando os elementos essenciais de uma prensa a quente.

F. Ye *et al.* estudaram o compósito de matriz Al2O3 com 20vol% de whiskers de SiC, fabricado por prensagem a quente a 1650º C durante 1 h sob uma pressão de 25 MPa, que exibiu uma tenacidade à fratura de 6,87 MPa√m [19]. Shih *et al* [20] estudaram o efeito da relação de aspeto dos whiskers em compósitos de matriz de alumina. Os compósitos contendo 30 vol% de whiskers foram consolidados por prensagem a quente seguida de prensagem isostática a 1675° C sob 207 MPa de pressão de nitrogénio. Rhodes [21] apresentou resultados obtidos em alumina reforçada com SiCw produzida por prensagem a quente. A resistência à fratura da cerâmica de SiC prensada a quente situou-se na gama de 2,5 - 4,2 MPa√m (Kim e Kim 1990). K.A. Al-Dheylan relatou que amostras de compósitos cerâmicos de 30vol% SiCw/Al2O3 foram fabricadas usando prensagem a quente. A resistência à fratura e o módulo de elasticidade foram encontrados para ser 5,86 MPa√m e 293 GPa, respetivamente [22]. Marianne. I.K Collin *et al.* estudaram a resposta de expansão térmica de Al2O3 -30 vol.% SiCw fabricado por prensagem a quente em uma atmosfera protetora a uma pressão de 25 MPa e temperatura de 1850° C por 60 min; o CTE varia entre $5,2 \times 10^{-6}$ - $5,4 \times 10^{-6}$ K^{-1} [23].

1.1.3. Moldagem por injeção

A moldagem por injeção é outra técnica amplamente utilizada na moldagem de polímeros termoplásticos. Um polímero termoplástico é um polímero que amolece quando aquecido e endurece quando arrefecido. Estes processos são totalmente reversíveis e podem ser repetidos. A moldagem por injeção pode ser aplicada à moldagem e formação de componentes cerâmicos se o pó cerâmico for adicionado a um polímero termoplástico. Na moldagem de cerâmica por injeção, o polímero é normalmente designado por aglutinante (em vez disso, o material é um polímero carregado de cerâmica). O pó cerâmico é adicionado ao ligante e é normalmente misturado com vários outros materiais orgânicos para obter uma massa com as propriedades reológicas desejadas. A parte orgânica da mistura representa cerca de 40 vol%.

A mistura é primeiramente aquecida, altura em que o polímero termoplástico se torna macio e a mistura é forçada para dentro de uma cavidade do molde, como se mostra na Figura 1.6. A mistura aquecida é muito fluida e não é autoportante. A mistura é deixada arrefecer no molde, durante o qual o polímero termoplástico endurece. Devido à grande fração de volume de material orgânico utilizado na mistura, existe um elevado grau de contração dos componentes moldados por injeção durante a sinterização. A retração típica é de 15-20%, pelo que é difícil controlar com precisão as dimensões dos componentes. No entanto, as formas complexas são mantidas com muito pouca distorção durante a sinterização, uma vez que as densidades, embora baixas, são uniformes. A moldagem por injeção é utilizada para fabricar componentes cerâmicos com formas complexas; como os tempos de ciclo podem ser rápidos, a moldagem por injeção pode ser um processo de grande volume. A principal limitação é o facto de os custos iniciais das ferramentas do molde poderem ser bastante elevados. Mark Headinger [24] estudou compósitos de matriz de ZrO2 preparados por processo de moldagem por injeção, que resultam em módulo de Young e CTE entre 150-250 GPa, e $9\text{-}11 \times 10^{-6}$ C^{-1} respetivamente.

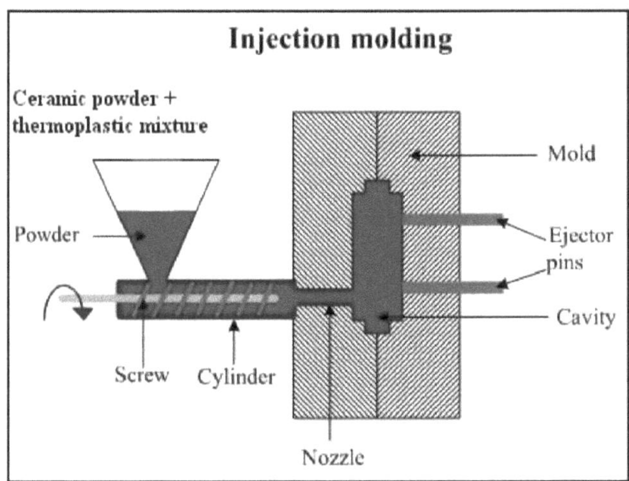

Figura 1.6 Vista esquemática do processo de moldagem por injeção.

1.1.4. Ligação de reação

Os métodos de formação por reação têm sido aplicados com sucesso tanto a monólitos cerâmicos como a compósitos. É possível obter propriedades excelentes e muitas vezes únicas com estes materiais. As principais vantagens da conformação por reação incluem o fabrico em forma de rede, a elevada pureza e a ausência de auxiliares de sinterização. Os rearranjos das partículas e do reforço podem ocorrer durante a densificação sem estes auxiliares de sinterização, eliminando assim a contração. A ausência de tais aditivos também permite a retenção de propriedades a altas temperaturas. Outra vantagem é que as temperaturas de ligação da reação para a maioria dos sistemas são geralmente inferiores às temperaturas de sinterização. Uma grande desvantagem deste processo é o facto de ser difícil evitar uma elevada porosidade. A reação Al - Al2O3 para produzir Al2O3 ligado por reação (RBAO) que pode ser infiltrado com Al líquido, Si, inter-fases metálicas ou super ligas, é bem conhecida. No entanto, o carboneto de silício (RBSC) e o nitreto de silício (RBSN) são as matrizes mais frequentemente encontradas por ligação por reação. Os pós de SiC são utilizados para reforçar o RBSN. Por exemplo, pós submicrónicos de silício sintetizados a laser e SiC rico em carbono derivados de SiH4 são dispersos em metanol ou octanol e, em seguida, submetidos a ultra-sons, antes de serem prensados a 17 MPa [25]. Deve ser completada uma etapa de secagem (20° C/h a 100° C/h) antes da nitretação a temperaturas que variam entre 1250° C e 1400° C durante 40 horas [26]. Dependendo da temperatura de nitretação e da composição do material, os compósitos são produzidos com 95 % a 99 % de nitretação. A contração varia entre 0,13% e 0,9%; por conseguinte, o fabrico em forma de rede é muito viável [26]. Os compósitos produzidos por este método; a matriz tem uma porosidade significativa (~30%). A densificação do compósito é o principal problema neste processo.

W.J. Lackey *et al* [18] estudaram compósitos de matriz de SiC fabricados por ligação por reação, que exibiram valores de módulo de Young, resistência à flexão e CTE na gama de 350-375 GPa, 175-450 MPa e 4,3-4,4 $\times$ 10^{-6} C^{-1} respetivamente.

1.1.5. *Infiltração química de vapor.*

O processo de infiltração química de vapor [27] envolve dois fenómenos: (i) transferência de massa ou penetração de vapor (reagentes gasosos) numa pré-forma porosa, (ii) reacções químicas para formar e depositar a matriz sólida na superfície da fibra. À medida que a matriz é depositada, os poros são preenchidos. A composição química e a pureza da matriz podem ser controladas através do controlo dos gases reagentes e das condições de reação. As matrizes de SiC, Si_3N_4, Al_2O_3, ZrO_2, TiB2 e TiC podem ser depositadas por este processo, embora o maior desenvolvimento tenha sido efectuado para a matriz de SiC. As principais vantagens do processo CVI incluem a capacidade de infiltrar pré-formas com formas complexas para fabricar peças de forma quase líquida e a capacidade de otimizar a interface através de revestimentos depositados no mesmo reator. Componentes como as aletas dos bicos das turbinas, os porta-chamas e os combustores foram fabricados com sistemas de tecido de fibra de SiC e matriz de SiC por CVI [27].

O processo CVI pode ser isotérmico ou pode envolver gradientes de temperatura e pressão, como se mostra na Figura 1.7. As taxas de deposição devem ser lentas em comparação com as taxas de transferência de massa para manter os caminhos de infiltração abertos e obter uma densificação uniforme em toda a pré-forma. À medida que mais e mais matriz é depositada, as taxas de deposição têm de ser reduzidas para evitar a selagem dos caminhos de infiltração. Dependendo das condições de processamento, podem ser necessárias algumas horas ou várias semanas para obter compósitos 85-90% densos [27]. Normalmente, as temperaturas de deposição variam entre 800 e 1100° C. Este processo também pode ser utilizado para depositar revestimentos interfaciais nas fibras antes de depositar a matriz.

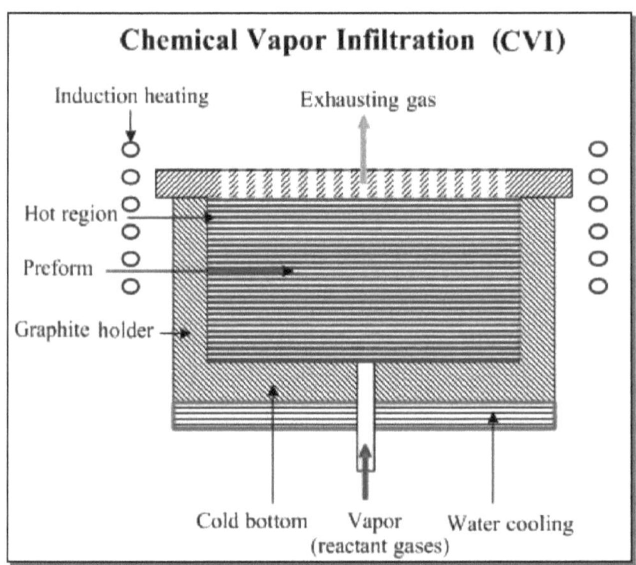

Figura 1.7 Esquema do processo de infiltração química de vapor.

Stinton *et al.* [28] estudaram compósitos de SiC através de CVI, depositando o SiC num gradiente de temperatura, encurtando assim o tempo de infiltração para a ordem de alguns dias. A pré-forma consistia em fibras Nicalon, ou compactos de fibras cortadas. Os compósitos de fibra unidirecional com teores de fibra de 40-45 vol% e porosidade aberta residual de 25-32% apresentaram resistências MOR de cerca de 210-410 MPa.

A partir de um breve levantamento de vários processos que podem ser utilizados para o fabrico de compósitos de matriz de alumina, observa-se que, quando os compósitos de matriz cerâmica são desenvolvidos por métodos como a sinterização, a prensagem a seco, a prensagem a quente, etc., há uma limitação na forma e no tamanho; formas mais complexas ou grandes são difíceis e muitas vezes impossíveis de produzir, e também o custo elevado e a baixa produtividade são outros problemas. Além disso, os processos são susceptíveis de gerar porosidade nos interstícios das partículas de pó. A probabilidade de desenvolver uma boa ligação metalúrgica entre o reforço e a matriz também é menor. Outros processos, como a colagem por reação, a moldagem por injeção e a infiltração química de vapor, etc., que têm potencial para produzir compósitos de matriz de alumina com uma elevada fração volumétrica de reforço, requerem equipamento especializado e medidas de segurança rigorosas para que o processo possa ser realizado. Há um encolhimento de 15-20% no caso da moldagem por injeção e porosidade (~30%) no caso da colagem por reação, os custos iniciais de ferramentas do molde ou dos produtos químicos são elevados no caso da infiltração química de vapor. Em comparação, o processo de DIMOX é uma técnica relativamente económica para o fabrico de compósitos de matriz de alumina com elevada fração volumétrica de reforço. Outras vantagens do processo DIMOX incluem a formação de formas quase líquidas e um controlo razoável da microestrutura. Para além destas, o processo também tem o potencial de produzir compósitos com grandes dimensões e fracções volumétricas variadas de reforço a baixas temperaturas de processamento. Como já foi referido, o presente trabalho tem como objetivo compreender as vantagens e limitações do processo Lanxide. Isto foi possível através da obtenção das condições em que os compósitos Lanxide DIMOX podem ser cultivados em dimensões suficientemente grandes para efetuar medições das propriedades mecânicas e físicas. As propriedades medidas são correlacionadas com a microestrutura. É feita uma tentativa de modelar as propriedades medidas experimentalmente utilizando técnicas de elementos finitos.

2. REVISÃO DA LITERATURA

O processo DIMOX^{TM} tem sido descrito em termos gerais na literatura e parece ser bastante simples de implementar; tudo o que é necessário é uma liga de alumínio, material de enchimento e um forno de atmosfera oxidante capaz de atingir 900° C a 1400° C. Como se trata de uma técnica patenteada, apenas alguns aspectos específicos do processo foram publicados até à data, relacionando a teoria na literatura com observações experimentais. Neste capítulo, será analisado o processo DIMOX^{TM} . De seguida, será apresentada a literatura relativa a diferentes aspectos das propriedades mecânicas e físicas.

2.1. Oxidação Dirigida de Metais (DIMOX)^{TM} Process

No processo de oxidação dirigida de metais [29] desenvolvido pela Lanxide Corporation, os produtos da reação de oxidação são dirigidos para crescer numa pré-forma de fase de reforço. Uma extremidade da pré-forma é posta em contacto com metal fundido aquecido a uma temperatura adequada na gama de 900° C a 1150° C. Os reagentes gasosos (oxigénio, azoto, etc.) estão presentes na outra extremidade da pré-forma. Os elementos de liga adicionados à massa fundida (Si, Mg para Al) fazem-na reagir com os reagentes gasosos. O produto das reacções cresce na rede de poros da pré-forma, afastando-se do metal fundido. As adições de liga também fazem com que o metal passe através do produto da reação e atinja a interface na qual tendem a ocorrer novas reacções. Assim, o processo continua quase a um ritmo constante. Um revestimento de barreira de crescimento permeável ao gás é aplicado na outra extremidade da pré-forma. Esta barreira permite a penetração de reagentes gasosos, mas termina o crescimento do produto da reação, mantendo a forma da peça. As taxas de crescimento são da ordem dos 0,1 a 0,3 mm/hora para os compósitos de matriz cerâmica [30]. Durante este processo, forma-se uma fase contínua de matriz interligada na rede de poros da pré-forma. Algum metal residual (3 a 15%) está também presente no compósito final. Os compósitos de matriz Al2O3, AlN, TiN, ZrN, TiC e ZrC [31] podem ser fabricados por este processo. As principais vantagens do processo são as temperaturas relativamente baixas e a versatilidade envolvida, a capacidade de produzir formas grandes e complexas, a ausência de contração e as elevadas tolerâncias alcançadas. Os componentes fabricados por este processo incluem telhas de blindagem, tubo do permutador de calor [31], manga do veio da bomba, tubo do queimador, bocal de dessulfuração e placas de desgaste (todos SiC/Al2O3). A Figura 2.1 mostra uma vista esquemática do processo de oxidação direta de metais (DIMOX).

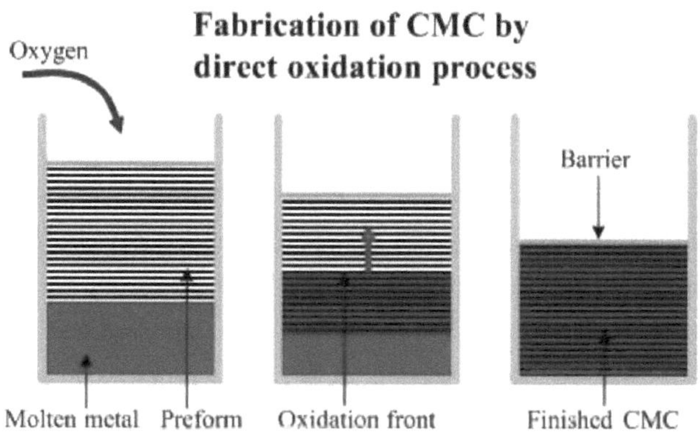

Figura 2.1 Esquema do processo de oxidação dirigida de metais (DIMOX).

A.S. Nagelberg *et al.* estudaram o módulo de elasticidade da matriz de alumina reforçada com partículas de SiC e compósitos de alumina reforçados com fibras de Nicalon a 35 vol. %, produzidos pelo processo de oxidação dirigida de metais. O módulo do compósito foi de 320 GPa e 140 GPa, respetivamente, à temperatura ambiente [31]. J.R. Gomes *et al.* efectuaram ensaios de desgaste em pinos cerâmicos de nitreto de silício que deslizavam contra ferro fundido cinzento, tendo registado uma taxa de desgaste entre $1{,}79 \times 10^{-6}$ e $18{,}3 \times 10^{-6}$ mm^3 /N-m e um coeficiente de atrito entre 0,51 e 0,74 à temperatura ambiente [32].

Tal como referido anteriormente, o produto da reação cresce no material de enchimento (partículas, fibras) para formar o compósito. Neste caso, a matriz dos compósitos é constituída por um material cerâmico interligado tridimensionalmente e por canais metálicos interligados que fornecem o metal à superfície durante a reação. O material de enchimento é colocado no topo da direção de crescimento. O material de enchimento pode ter a forma de partículas, plaquetas, bigodes ou fibras. Normalmente não é deslocado ou perturbado durante a reação de formação da matriz [35].

Alguns exemplos de materiais de enchimento são Al2O3, SiC, BaTiO3, AlN, B4C, TiB2, ZrN, ZrB2 e TiN. A escolha do material de adição é limitada pela sua compatibilidade com a atmosfera oxidante e com o metal fundido. O sistema Al2O3/Al ilustra várias caraterísticas do processo de formação da matriz [33]. O processo de oxidação rápida desejado requer pequenas quantidades de outros constituintes ou dopantes. Por exemplo, a combinação binária até poucos % em peso de Mg e elementos do grupo IV (Si, Ge, Sn ou Pb) pode ser introduzida como constituintes da liga de alumínio de origem. Em alternativa, um ou ambos os elementos dopantes podem ser introduzidos externamente sob a forma de pós elementares ou de óxidos [34]. As temperaturas dentro de um envelope de processo limitado, tipicamente na gama de 900° C a 1350° C, dependendo dos materiais dopantes utilizados, são também necessárias para uma cinética de reação prática [34]. Quando as condições de processo adequadas são alcançadas, o crescimento da matriz no sistema Al2O3/Al ocorre tipicamente a uma taxa constante (cinética linear). Foi observado que a microestrutura e as propriedades da matriz podem ser fortemente influenciadas pela natureza e quantidade de dopantes presentes e pela temperatura e tempo do processo. Por exemplo, o processamento a uma temperatura mais baixa tende a produzir uma matriz com uma razão de fase cerâmica/metal mais baixa do que as matrizes processadas a uma temperatura mais elevada. Uma vez iniciado em condições adequadas, o processo DIMOX parece produzir um compósito de microestrutura uniforme, desde que (i) o metal fundido e o oxidante estejam disponíveis para sustentar o processo e (ii) a temperatura do processo seja mantida [33]. De forma semelhante, a formação de corpos cerâmicos compostos de AlN/Al pela oxidação dirigida de ligas de Al fundidas em azoto foi apresentada [3638], e mostra semelhanças com o processo Al2O3/Al.

A oxidação dirigida de metais para a produção de compósitos de matriz cerâmica oferece o potencial para ultrapassar muitas das limitações de outras técnicas de processamento de cerâmica. Permite a engenharia específica das propriedades dos materiais através da seleção dos constituintes do compósito e de condições de processo controladas. Além disso, o processo não exerce qualquer força sobre a pré-forma e, por conseguinte, a arquitetura das partículas numa estratificação não é perturbada durante o crescimento. Uma vez que a formação da matriz ocorre através de um processo de crescimento, não há retração por densificação; assim, existe uma boa margem para o controlo das tolerâncias dimensionais e o fabrico de componentes muito grandes é facilitado. O processo de crescimento produz uma matriz com limites de grão livres de fases de impureza, e as temperaturas do processo são suficientemente baixas para minimizar os danos térmicos na fase de reforço. Além disso, as projecções de custos para os componentes fabricados com esta tecnologia podem ser bastante promissoras, dependendo dos componentes específicos a fabricar e dos seus requisitos de desempenho.

2.2. Fase e microestrutura

Os materiais fabricados pelo DIMOX™ sem um material de enchimento têm uma estrutura de grão colunar. Os materiais Lanxide™ têm caraterísticas de desgaste superiores às das cerâmicas monolíticas e dos metais. Foram comunicadas as propriedades mecânicas de compósitos com enchimento de SiC (grão 500). Os compósitos de matriz Al2O3 reforçados com partículas de SiC têm recebido um interesse considerável devido a várias aplicações. O domínio do processamento de compósitos, em si mesmo, é vasto e abrange um grande número de métodos de fabrico.

Hillig *et al.* discutiram o processamento de infiltração por fusão de compósitos de matriz cerâmica no que diz respeito à reatividade química, viscosidade da fusão e humedecimento do reforço pela fusão. Uma pré-forma feita de reforço em qualquer forma (fibra, bigode e partícula) com uma rede de poros pode ser infiltrada por uma massa cerâmica fundida por meio de pressão capilar. A aplicação de pressão ou o processamento em vácuo pode ajudar o processo de infiltração [39]. Outra versão da infiltração de líquidos é o processo de oxidação dirigida ou o processo Lanxide^{TM}. Esta tecnologia foi recentemente desenvolvida [patente europeia n.º: 86300739] pela Lanxide Corporation. Um dos processos da Lanxide^{TM} chama-se DIMOX^{TM}, que significa o processo DIMOX [29].

Embora a literatura sobre a infiltração de corpos metálicos porosos sinterizados por metais em sistemas húmidos seja abundante, relativamente poucos estudos se debruçaram sobre a infiltração de fusão em partículas cerâmicas, como o carboneto de silício [40, 41]. Nagelberg *et al.* [42], revelaram a presença de uma fina camada de ZnO na superfície. O crescimento do compósito neste caso foi atribuído à difusão de iões através da camada externa de ZnO. Uma investigação sobre este processo [43] refere que, embora o Mg seja essencial para o crescimento acelerado dos compósitos, a presença de Si ajuda a iniciar o processo. Nagelberg relatou o crescimento de compósitos de Al2O3/Al a partir de uma liga Al-2,8Zn-0,25Mg- 8,8Si-3,1Cu-1,1Fe a temperaturas de 1273 a 1473 K em atmosferas de 20 a 100vol % de o2 usando SiO2 como iniciador. Neste caso, o mecanismo de crescimento envolve a presença de uma camada fina (~1 µm) de ZnO na superfície exterior. A energia de ativação estimada para este compósito é de ~89 kJ/mol [43]. Salas *et al.* [44], sugerem que a camada superficial de MgO em ligas à base de Al-Mg pode resultar da des-mistura catiónica do espinélio termodinamicamente estável e, posteriormente, persistir em equilíbrio metaestável com a liga líquida, impedindo assim a formação de Al2O3 na superfície. No entanto, também indicam que a pressão de vapor do Mg pode ser responsável pela presença contínua de MgO na superfície. A presença do espinélio termodinamicamente estável impede a formação do óxido de Al passivante na superfície. Por outro lado, o papel do zinco é menos claro, na medida em que é relatado como inativo sem a presença simultânea de Mg, mas também leva à formação de camadas superficiais de um espinélio termodinamicamente estável, impedindo assim a formação do óxido de Al passivante na superfície.

Murali Hanabe *et al.* relatam a microestrutura associada ao crescimento oxidativo em ligas binárias Al-Zn e da molhagem e infiltração de uma pré-forma inerte (Al2O3) usando uma liga binária Al-Zn, enfatizando o papel desempenhado pelo elemento soluto durante o processo. A alumina foi escolhida como material da pré-forma e a liga utilizada foi a binária Al-Zn. O critério para a escolha desta combinação específica decorre da observação de que a liga Al-Zn molhava e escalava os cadinhos de Al2O3 durante o estudo do crescimento do compósito liso. Além disso, foram efectuadas algumas experiências com ligas Al-Zn contendo 0,30,5% de Mg, a fim de explorar a influência do Mg na uniformidade da oxidação. Todas as ligas utilizadas apresentaram crescimento oxidativo no espaço livre na presença de uma camada superficial de ZnO. Com teores de Mg superiores aos aqui utilizados, o óxido superficial sofre uma transição para uma mistura de MgO/MgAl2O4 e ZnO [45].

Decidiu-se não utilizar qualquer Si, uma vez que as experiências preliminares indicaram que mesmo pequenas quantidades (2-3%) de Si inibiam a infiltração em compactos de Al2O3, apesar de outros trabalhadores terem apontado os efeitos benéficos do Si em ligas à base de Al-Mg [45].

Nagelberg *et al,* relataram propriedades vantajosas do sistema SiC/Al2O3 de compósitos a baixas e altas temperaturas, reforçando a matriz de Al2O3 com partículas de SiC de 6-μm e fibras Nicalon 2-D [31]. Smeltzer *et al* estudaram a oxidação de alumínio puro - liga de 3% de magnésio em oxigénio seco entre 200 e 550^0 C. Também referiram que a cinética de oxidação era complexa, mas aproximaram os resultados para temperaturas superiores a 350^0 C a um modo de oxidação parabólico - linear [46]. Cochran *et al.,* apresentaram a fusão de alumínio e magnésio em várias atmosferas oxidantes a temperaturas que variam entre 600 e 1100^0 C. Também referiram que a oxidação de rutura pode ser promovida pela adição de sementes de óxido de magnésio cristalino ou de aluminato de magnésio ($_{MgAl2O4}$) a fundidos protegidos com Al2O3 amorfo [47].S.M. Pickard, *et al.* relataram que em materiais que contêm Si e Zn, os canais metálicos eram mais pequenos e consistiam numa rede fina com cerca de 1-2 μm de diâmetro, mas a fração de volume da liga era semelhante à das ligas binárias. [11]. Nagelberg *et al.* relataram o crescimento de um compósito a partir de ligas Al-3wt.% Mg e Al-3wt% Mg-10 wt.% Si a temperaturas que variam de 1100^0 C a 1250. Durante o período de incubação, a piscina de liga fundida de algumas destas amostras foi riscada, o que resultou no crescimento de compósitos de $_{Al2O3/metal}$ ao longo dos riscos. Também foi relatado que os tamanhos dos nódulos ao longo do risco eram proporcionais ao tempo decorrido após o risco na superfície e pareciam ser independentes da presença ou ausência de Si na liga. O papel da pré-forma de SiC na diminuição ou quase eliminação do período de incubação é, portanto, atribuído à rutura das camadas exteriores de óxido passivante ($_{MgO/MgAl2O4}$). A estrutura de duas camadas ainda existe na superfície externa da liga na presença da pré-forma de SiC, mas esta camada é descontínua, o que serve como uma rutura mecânica para promover sítios de iniciação de crescimento [31]. Scamans *et al.* [48], sugeriram que a adição de Zn ao Al atrasa a nucleação de cristais de y-Al2O3 e promove a formação de poros no óxido. Também indicaram que a expansão da rede γ-Al2O3 pode ser devida à inclusão de iões Zn e à formação de $_{ZnAl2O4}$. Assim, pode assumir-se que o Zn chega à superfície após a formação do óxido de Al nativo. Eitan Manor *et al.* estudaram os compósitos de matriz de alumina com e sem partículas de SiC, produzidos por oxidação por fusão direta de uma liga de Al multicomponente. No caso mais geral, a microestrutura consiste em três fases interpenetrantes: a pré-forma de SiC, uma matriz contínua de α-Al2O3 e uma rede de metal não oxidado. A fração volumétrica de metal no produto de oxidação diminui com o aumento da temperatura de processamento, e a sua distribuição é menos uniforme quando está presente uma pré-forma.

A oxidação das ligas de alumínio é industrialmente significativa em muitos aspectos. A oxidação no estado sólido pode levar à degradação da superfície e a oxidação no estado líquido é uma das principais causas de perda de metal através do aprisionamento do metal no óxido e da oxidação direta. Além disso, as rápidas taxas de oxidação a altas temperaturas levaram a uma aplicação no processamento de compósitos cerâmicos de óxido de alumínio através da oxidação por fusão direta a altas temperaturas (950°C a 1250). Por estas razões, o estudo da oxidação do alumínio e das ligas de alumínio tornou-se um tópico de interesse para muitas indústrias diferentes. O resumo dos pormenores é apresentado na Tabela 2.1.

Tabela 2.1 Detalhes dos dados da literatura sobre caraterísticas de fase e microestruturais.

Autor	Técnica de processamento	Liga metálica	Caraterísticas microestruturais e de fase
Hilling *et al.*	Oxidação por fusão		Cavidade química, viscosidade da massa fundida e molhagem
Nagelberg *et al.*	DIMOX (Lanóxido)	Al2O3/Al	Camada de ZnO revelada, Período de incubação.
Murali Hanabe *et al.*	DIMOX	Al-Zn	Humedecimento e infiltração de Al2O3
Smeltzer *et al.*	Oxidação	Al-Mg	Cinética de oxidação
Cochran *et al.*	DIMOX	Al-Mg	A oxidação pode ser promovida pela adição de MgO cristalino
Pickard *et al.*	DIMOX	Al-Si-Mg-Zn	Canal metálico fino por adição de Si, Zn.
Scamans *et al.*	DIMOX	Liga de Al	Ao adicionar Zn, a nucleação de -Al2O3
Eitan Manor *et al.*	DIMOX	Al	Continua γ- Al2O3

2.3. Propriedades físicas

As propriedades térmicas mais importantes dos materiais são a capacidade térmica, o coeficiente de expansão térmica e a condutividade térmica. Os compósitos de matriz de Al2O3 reforçados com partículas de SiC são de interesse como materiais candidatos para aplicações de materiais isolantes. Geralmente, o processamento de CMC é efectuado a temperaturas relativamente elevadas. Noutro trabalho relacionado com a avaliação do CTE dos compósitos SiC/Al2O3, A.S. Nagelberg *et al.* examinaram o comportamento da expansão térmica dos compósitos SiC/Al2O3 preparados pelo processo de oxidação dirigida de metais, medido pela técnica de haste de dilatação padrão, que foi de

8,0 10^{-6} K^{-1} . Também relataram uma expansão térmica de 5,8 10^{-6} K^{-1} a 100° C para compósitos 2-D Nicalon/alumina produzidos pelo processo de oxidação dirigida de metais [42]. Marianne. I.K Collin *et al.* estudaram a resposta à expansão térmica de Al2O3 -30 vol.% SiCw fabricado por prensagem a quente numa atmosfera protetora de pressão de 25 MPa e temperatura de 1850° C durante 60 min. O CTE varia entre 5,2 × 10^{-6} - 5,4 × 10^{-6} K^{-1} [23]. Hassel Ledbetter e Mark Austin *et al.* relatam a expansão térmica do compósito de liga de alumínio SiC/6061 obtido por métodos de metalurgia do pó, utilizando um dilatómetro de haste de pressão, medido entre 76 e 390 K, variando entre 5,1 × 10^{-6} - 5,2 × 10^{-6} K^{-1} [70]. Muitos dos dados sobre o ETC em toda a gama de fracções volumétricas estão disponíveis de forma dispersa, com diferenças no processamento primário, no processo secundário (se existir), na composição da matriz, nas dimensões das partículas envolvidas, na distribuição das dimensões das partículas (mono-modelo, bi-modelo ou tri-modelo), no esquema de determinação da fração volumétrica, nas condições de ensaio, etc. Consequentemente, não existe uma compreensão clara do comportamento do ETC dos compósitos SiCp/Al2O3 em toda a gama de fracções volumétricas. No entanto, a concordância entre os resultados experimentais e os dados disponíveis na literatura em toda a gama de fracções de volume do reforço deve ser validada. Os materiais cerâmicos, que incluem os compósitos de matriz cerâmica, foram identificados como potenciais candidatos a aplicações estruturais a alta temperatura devido à sua resistência a altas temperaturas, peso leve e excelente resistência à corrosão e ao desgaste [71]. A fim de encorajar a aplicação alargada dos materiais cerâmicos de engenharia, a utilização de abordagens adequadas de avaliação não destrutiva (NDE) é fundamental para um controlo eficaz do processo e para garantir produtos de elevada qualidade e um desempenho fiável em serviço [72].

Os materiais refractários como SiC, B4C, Al2O3, etc. possuem uma rigidez específica elevada devido ao seu elevado módulo e baixa densidade. A avaliação do módulo de elasticidade pode ser realizada por métodos destrutivos, como o ensaio de tração, ou por métodos não destrutivos, como o ensaio por ultra-sons. Define-se como o desenvolvimento e a aplicação de métodos técnicos para examinar materiais ou componentes de forma a não prejudicar a sua utilidade futura e a sua capacidade de utilização, a fim de detetar, localizar, medir e avaliar defeitos; avaliar a integridade, as propriedades e a composição; e medir caraterísticas geométricas. Os compósitos SiCp/Al2O3 a serem estudados no presente trabalho. Existem muitos relatórios disponíveis na literatura sobre ensaios ultra-sónicos não destrutivos de vários tipos de materiais compósitos com diferentes motivações.

A.S. Nagelberg *et al.* estudaram o módulo de elasticidade da matriz de alumina reforçada com partículas de SiC e compósitos de alumina reforçados com fibras de Nicalon a 35 vol. %, produzidos pelo processo de oxidação dirigida de metais. O módulo do compósito foi de 320 GPa e 140 GPa, respetivamente, à temperatura ambiente [31]. A maioria dos trabalhos de ensaio ultrassónico tem-se centrado na caraterização de defeitos superficiais e/ou internos em materiais cerâmicos [73]. Foi realizado um trabalho significativo para estabelecer a medição do módulo e a caraterização da distribuição de defeitos em materiais cerâmicos utilizando amplitudes de varrimento de ensaios ultra-sónicos [74]. Jeongguk Kim e Peter K. Liaw [75] relataram o ensaio ultrassónico de varrimento de compósitos de matriz cerâmica de SiC reforçados com fibras de Nicolan em tecido contínuo. Nicolan é uma fibra amorfa / cristalina, predominantemente SiC, com um diâmetro de aproximadamente 10 - 15 μm. Noutro trabalho, Jeongguk Kim e Peter K. Liaw [75] estudam medições de amplitude ultra-sónica derivadas de compósitos de matriz cerâmica de vidro de aluminossilicato de cálcio reforçado com fibras de Nicalon contínuo - designados Nicalon/CAS. Noutro trabalho relacionado com a avaliação do módulo de elasticidade, C. Gault *et al.* relatam o módulo de elasticidade de duas cerâmicas à base de Al2O3, tais como a zircónia de alumina-mulite e o óxido de crómio de alumina, fabricadas por sinterização. O módulo de elasticidade foi medido através do método de vibração ultra-sónica e verificou-se que era de 78 GPa e 141 GPa, respetivamente [17]. A porosidade teve um efeito maior na redução da velocidade ultra-sónica na direção da espessura do que na direção do plano. Estes resultados derivam da maior porosidade interlaminar em comparação com a porosidade na intersecção fibra-arame. Além disso, o aumento da porosidade diminuiu significativamente os módulos no plano e através da espessura. Newkirk *et al.* registaram um módulo de elasticidade de 286 GPa para compósitos de Al2O3 reforçados com partículas de SiC produzidos pelo processo de oxidação dirigida de metais [33]. V.N. Gribkov utilizou uma técnica de vibração ultra-sónica longitudinal para determinar o módulo de elasticidade normal dos whiskers a partir da taxa de propagação [76]. O ensaio ultrassónico é um método não destrutivo no qual são introduzidos nos materiais grãos de ondas sonoras de alta frequência para a deteção de defeitos superficiais e internos. A maior parte da inspeção ultra-sónica é feita a frequências entre 0,1 MHz e 25 MHz [77]. Os módulos elásticos podem ser determinados com uma precisão de 0,1 % ou superior por vibração ultra-sónica [78-79]. Mackenzie *et al.* efectuaram cálculos auto-consistentes para o efeito da porosidade no módulo de cisalhamento e no módulo de massa. Para pequenos valores de porosidade (ou seja, menos de 10 por cento em volume de poros), estes dois tratamentos prevêem a mesma diminuição linear dos módulos elásticos com o aumento da porosidade [80]. Pharr está a utilizar os resultados de Sneddon e calculou o módulo de Young reduzido, Er. [(Er =E/ 1 - v^2) em que E é o módulo de Young e v é o coeficiente de Poisson] para este caso, também o declive da parte inicial da curva de descarga e a área de contacto do indentador e da amostra na carga máxima [81]. Observa-se que existem muito poucos estudos disponíveis na literatura sobre a avaliação ultra-sónica de compósitos de SiC/Al2O3. Esses estudos centram-se sobretudo em aspectos específicos [33] e a utilização de dados de velocidade ultra-sónica para a determinação das propriedades elásticas de sistemas compósitos de matriz de Al2O3 reforçados com partículas de SiC não foi extensivamente relatada.

Independentemente do método de avaliação do módulo de elasticidade, para compreender a variação do módulo de elasticidade do sistema compósito de matriz SiCp/Al2O3 no âmbito dos dados existentes, é necessário conhecer os módulos de elasticidade do Al2O3 e do SiC e a fração de volume correspondente.

A condutividade térmica dos compósitos de matriz SiCp/Al2O3 é uma propriedade física importante do ponto de vista técnico e permite-nos compreender a resposta térmica do material compósito de matriz cerâmica. A condutividade térmica, K, é uma propriedade importante em muitas aplicações de cerâmica de alumina, tais como componentes estruturais de alta temperatura, refractários para as indústrias de fabrico de vidro e metal, queimadores radiantes de gás, peças de desgaste e ferramentas de corte, ou embalagens microelectrónicas. No entanto, até à data, existem apenas alguns trabalhos dedicados ao estudo da condutividade térmica de compósitos com reforço de SiC [82-83]. O comportamento térmico dos compósitos contendo SiC parece ser fortemente dependente da forma e tamanho do reforço, bem como da composição da matriz.

A.S. Nagelberg *et al.* estudaram a condutividade térmica de compósitos de matriz de alumina reforçados com partículas de SiC fabricados pelo processo de oxidação dirigida de metais. A condutividade dos compósitos varia entre 70 W/m-k - 20 W/m-k para temperaturas de 25° C -1000° C. Também relataram a condutividade térmica de compósitos 2-D Nicalon/alumina produzidos pelo processo de oxidação dirigida de metais. A condutividade dos compósitos varia entre 8,7 W/m.K - 5,5 W/m.K, para temperaturas entre 100° C - 1200° C [31]. M. Belmonte *et al.* relatam a condutividade térmica de compósitos de Al2O3 /20 vol. % SiC preparados por prensagem a quente a 1500° C em função do tamanho do grão de SiC. A condutividade térmica foi medida pelo método de flash a laser e caiu no intervalo de 17,10 - 31,0 W/m.K à temperatura ambiente até 500° C [52]. L. Fabbri *et al.* relataram que a condutividade térmica dos compósitos Al2O3/SiCw é ligeiramente maior do que a do Al2O3 puro, e o valor mais alto relatado para os compósitos Al2O3 -30 vol. % SiCw em níveis de 40 W/m K [84].Marianne. I.K Collin *et al.* indicaram a condutividade térmica de Al2O3 - 30 vol. % SiCw preparado por processo de prensagem a quente numa atmosfera protetora de pressão 25 MPa e temperatura de 1850° C durante 60 min. a condutividade foi de 24 - 34 W/m K [23]. Rafael Barea *et al.* estudaram a condutividade térmica de compósitos de plaquetas de SiC/Al2O3 prensadas a quente com 0 - 30 vol. %. A condutividade medida em função do teor de plaquetas variou no intervalo de 42 - 49 W/m-K [85]. No presente trabalho, a condutividade térmica dos compósitos de matriz de Al2O3 reforçados com partículas de SiC processadas por oxidação dirigida de metais é avaliada em função da fração volumétrica de SiC. A condutividade térmica das partículas de SiC foi estimada a partir dos dados do compósito e comparada com os valores publicados para o SiC.

A partir de uma pesquisa bibliográfica pormenorizada apresentada acima, observa-se que o processo

DIMOX desenvolvido pela Lanxide Corporation tem um grande potencial de aplicação. A questão de saber se o processo pode ser utilizado para uma determinada aplicação depende das propriedades dos compósitos gerados pelo processo. Por exemplo, uma grande quantidade de porosidade poderia dificultar a sua utilização em aplicações aeroespaciais, uma vez que a tenacidade poderia ser reduzida; no entanto, esses níveis de porosidade poderiam ser tolerados quando se utilizam esses compósitos em aplicações como componentes de fornos, tubos de gás, permutadores de calor, etc. A capacidade de conformação em forma quase líquida do processo DIMOX seria uma grande vantagem em todos os casos. A presença de canais de metal residual no compósito cerâmico pode reduzir as temperaturas de funcionamento permitidas. Um compósito $SiCp/Al2O3$ fabricado pela técnica DIMOX pode ser potencialmente útil como material de embalagem eletrónica: os materiais de embalagem eletrónica devem ter um coeficiente de expansão térmica baixo, equivalente ao de materiais como o Si, para permitir a montagem direta de dispositivos neles e devem também ter uma boa condutividade térmica para permitir uma remoção eficiente do calor residual. O resumo dos pormenores é apresentado no Quadro 2.3.

Tabela 2.3 Detalhes dos dados da literatura sobre propriedades físicas.

Autor	Processo	Pré-forma	Liga metálica	Propriedades físicas		
				CTE (x 10^{-6} /K)	Módulo de Young, Y (GPa)	Condutividade térmica (W/ m K)
Newkirk *et al.*	DIMOX	SiC (#500)	AWAl	-	286	
Nagelberg *et al.*	DIMOX (Lanóxido)		AWAl	8.0	140 e 320	70
M.I.K. Collin *et al.*	Prensagem a quente	SiCw	AW	5.2-5.4		
Mark Austin *et al.*	Metalurgia do pó	SiC	Al	5.1-5.2		
C. Gault et al.	DIMOX	SiC (5-60αm)	Al		78-141	

A pesquisa bibliográfica mostra que há um grande número de parâmetros de processo que precisam de ser ajustados para permitir o crescimento eficiente dos compósitos. O crescimento, tal como referido anteriormente, tem de ser controlado tanto na sua taxa como na sua direção para a formação de produtos moldados. O grande número de parâmetros que controlam o crescimento pode potencialmente permitir o desenvolvimento de compósitos com uma grande variedade de propriedades. Além disso, existe a possibilidade de variar a composição, o tamanho e a morfologia dos reforços. Assim, é de esperar que se desenvolva uma série de aplicações para estes materiais se o processo que conduz ao crescimento destes compósitos for bem compreendido. No entanto, até agora, há muito pouco trabalho nesta área porque as condições exactas em que os compósitos podem crescer não são conhecidas fora da empresa inventora. E, por conseguinte, há muito poucos grupos a tentar estudar e melhorar este processo potencialmente valioso.

O presente trabalho foi orientado principalmente para descobrir as condições em que podem ser cultivados grandes espécimes compósitos de SiCp/Al2O3. Sabe-se que as propriedades dos materiais compósitos dependem fortemente das percentagens de volume relativas das fases presentes [115]. As percentagens de volume podem ser ajustadas começando com pré-formas de SiC com diferentes níveis de porosidade; e isto pode ser ajustado trabalhando com SiC de tamanhos de partículas e morfologia mistos. É de esperar que o sistema compósito SiCp/Al2O3 crescido pelo processo DIMOX seja mais complicado devido à presença de uma terceira fase, o alumínio, nos canais de crescimento ao longo da direção de crescimento. Além disso, a presença de porosidade nas amostras pode ser uma questão importante, embora a empresa Lanxide não fale muito sobre isso. Nesta tese, desenvolvemos um método de crescimento de grandes amostras de compósitos SiCp/Al2O3 e variámos as fracções de volume relativas de SiC e da matriz de alumina/Al, trabalhando com pré-formas de diferentes níveis de porosidade. Estudámos as propriedades físicas dos compósitos assim preparados e discutimo-las à luz das microestruturas observadas. Avaliámos algumas das propriedades através de técnicas de elementos finitos e comparámos os resultados com os resultados experimentais. Demonstramos a capacidade de modelação do processo através do fabrico de um cilindro oco de SiCp/Al2O3 pelo processo.

3. PROCEDIMENTO EXPERIMENTAL

3.1. Fabrico de compósitos de matriz cerâmica SiCp/Al2O3

Para garantir a qualidade do sistema compósito que está a ser investigado, é necessário trabalhar com matérias-primas de boa qualidade. Todas as matérias-primas utilizadas para preparar as ligas, bem como os pós de carboneto de silício, tinham pureza e composição controladas.

As propriedades mecânicas e físicas de um compósito de alumina reforçada com SiC dependem em grande medida das propriedades mecânicas e físicas das fases individuais e das suas fracções de volume. No entanto, estas são afectadas por vários outros factores, como a composição das fases em consideração, a porosidade (se existir), as fases extra indesejáveis, etc. Conforme discutido na pesquisa bibliográfica, para desenvolver uma compreensão concreta de um sistema compósito de matriz cerâmica SiCp/Al2O3, é necessário anular ou isolar os efeitos de outros factores. Assim, é altamente necessário avaliar as caraterísticas específicas da matéria-prima envolvida na fabricação de materiais compósitos de matriz cerâmica SiCp/Al2O3. Este exercício asseguraria a pureza das fases das matérias-primas, as suas especificações, tais como o tamanho do reforço, a morfologia, a densidade, etc. Para compreender as propriedades mecânicas e físicas de um material compósito de matriz cerâmica SiCp/Al2O3, optou-se por investigar experimentalmente compósitos de matriz Al2O3 reforçados com partículas de SiC. A escolha de investigar o compósito de matriz cerâmica SiCp/Al2O3 baseia-se também no potencial do material para aplicações em várias indústrias.

Os compósitos de matriz cerâmica SiCp/Al2O3 podem ser fabricados por qualquer uma das técnicas metalúrgicas descritas na revisão da literatura. Aprende-se que, entre estes métodos de processamento disponíveis para o fabrico de compósitos, a técnica de oxidação dirigida de metais desenvolvida para o fabrico de compósitos de matriz cerâmica SiCp/Al2O3 tem o potencial de produzir compósitos relativamente livres de defeitos/vazios indesejados. Outras vantagens do processo de oxidação metálica dirigida incluem a formação de formas quase líquidas, a relação custo-eficácia e um controlo razoável da microestrutura. Para além destas, o processo também tem potencial para produzir compósitos com grandes dimensões e fracções volumétricas variadas de reforço. Esta é uma caraterística essencial que permite a medição de várias propriedades mecânicas e físicas que, por sua vez, permitiriam o desenvolvimento de uma boa compreensão do comportamento dos sistemas compósitos de matriz cerâmica SiCp/Al2O3.

No processo DIMOX, a oxidação contínua de ligas fundidas, elementos voláteis como o Mg, Si e Zn são adicionados para formar um óxido de superfície não protetor [43]. O processo de DIMOX ocorre por molhagem reactiva de materiais refractários pela liga de Al fundida, resultando num compósito de matriz cerâmica após a solidificação. A fabricação de compósitos de matriz cerâmica por processos metalúrgicos líquidos geralmente emprega temperaturas bem acima do ponto de fusão da liga. No caso do DIMOX, é utilizada uma liga de Al fundida a uma temperatura entre 950^0 C e 1150° C.

A composição da liga principal foi considerada como Al-8,5Si-1,5Mg-9 Zn, em percentagem do peso. A liga necessária para as experiências de infiltração foi preparada utilizando uma liga de fundição disponível no mercado. A liga foi derretida num forno a gás e foi introduzida na fusão uma folha de Al contendo Mg. Além disso, foram tomadas medidas para evitar a dissolução da fase de carboneto de silício no alumínio fundido. Para além de otimizar a composição do metal, a modificação da superfície do carboneto de silício foi considerada um passo importante. Uma camada protetora entre a fusão e o reforço evitaria uma reação entre o alumínio fundido e o carboneto de silício. É também essencial que a camada protetora seja estável durante e após o processo de infiltração. Além disso, é necessário que a camada protetora seja aderente à superfície das partículas, de modo a assegurar uma ligação firme entre a matriz e o reforço. Sabe-se da literatura que o carboneto de silício que foi sujeito a tratamento térmico no ar desenvolve uma camada altamente estável de dióxido de silício na superfície das partículas de carboneto de silício [86].

$$2\,SiC + 3\,O_2 \rightarrow 2\,SiO_2 + 2CO$$

------ 3.1

O processo de tratamento térmico do carboneto de silício no ar tem mais do que um objetivo. O tratamento térmico resulta no desenvolvimento de uma camada de sílica amorfa que actua como uma barreira entre o carboneto de silício e o alumínio. Por se ter desenvolvido a partir da superfície do carboneto de silício como uma camada nativa, a sílica na superfície é muito mais aderente do que os revestimentos metálicos protectores como o níquel, a prata, o cobre e outros que são de natureza externa. Acima de tudo, a camada superficial de sílica é estável mesmo a temperaturas muito superiores às utilizadas para a infiltração de alumínio em pré-formas de carboneto de silício. No entanto, uma reação interfacial não pode ser inibida e é um critério necessário para uma ligação forte e estável entre o reforço e a matriz durante a infiltração, o alumínio presente na liga líquida reage com a camada de sílica e, como resultado, a alumina e o silício são formados através de uma reação de redução deslocada [87].

$$3\,SiO_{2(s)} + 4\,Al_{(l)} \rightarrow 2\,Al_2O_{3(s)} + 3\,Si_{(s)}$$

------- 3.2

O silício assim formado é arrastado pelas correntes convencionais da liga líquida e distribui-se uniformemente pela matriz. Ocasionalmente, também se observa em torno das partículas de SiC. No caso de ligas com elevado teor de silício, a infiltração é afetada devido à acumulação significativa de partículas de silício nos canais capilares dos cristais colunares de Al2O3 [87]. Assim, para a infiltração são recomendadas ligas com baixo teor de silício.

A fim de determinar a temperatura a que deve ser efectuado o tratamento térmico dos pós de carboneto de silício, foi realizada uma análise termogravimétrica. Neste método, a amostra sob a forma de pó é aquecida no ar a um ritmo constante até uma temperatura de cerca de 1500º C. A alteração gradual da massa da amostra em resultado da alteração da temperatura é registada em função da temperatura programada. Uma alteração no declive da curva massa versus temperatura indica a temperatura à qual se verifica uma rápida absorção de oxigénio para formar sílica na superfície do carboneto de silício. Subsequentemente, os pós de reforço de qualidade comercial foram tratados termicamente no ar à temperatura notificada pelas análises termogravimétricas. Este tratamento térmico foi efectuado durante 4 horas a 1200º C.

3.1.1. *Difração de raios X (XRD)*

A liga principal de alumínio e os pós de carboneto de silício modificados à superfície foram analisados quanto à pureza das fases antes do processo de fabrico de compósitos de matriz cerâmica SiCp/Al2O3 pela técnica de oxidação por fusão dirigida. O conhecimento da composição de fases de um material é uma caraterística essencial que permite uma compreensão correta das propriedades do material. É também necessário identificar as várias fases presentes no material para prever o seu comportamento em diferentes condições e o conhecimento da sua composição será útil em várias fases de avaliação posterior. A técnica de difração de raios X é uma técnica versátil na avaliação das composições de um material e requer pouco trabalho na preparação da amostra. A técnica é também relativamente rápida na avaliação da composição de um determinado material. Os espécimes são geralmente considerados em forma de pó para serem expostos à radiação X e obter reflexões do espécime. Quando um feixe de raios X monocromáticos paralelos com um comprimento de onda de aproximadamente 0,1 nm incide sobre uma substância cristalina, o material actua como uma grelha de difração tridimensional e produz um padrão de difração de raios X. A interferência construtiva de tais feixes difractados ocorre de acordo com a lei de Bragg, resultando num padrão de reflexão bem resolvido que corresponde ao material em investigação.

$$n\lambda = 2\,dSin\,\theta$$

Onde *n* é um número inteiro que representa a ordem de difração, λ é o comprimento de onda dos raios X incidentes, *d* é a distância perpendicular entre os planos da rede e *μ* é o ângulo entre o feixe de raios X incidente e os planos da rede. Estes planos da rede são representados por um conjunto de números inteiros na forma de (hkl), conhecidos como índices de Miller, que definem a orientação do plano em relação aos eixos cristalográficos. O padrão de difração de um material em pó é um conjunto de intensidades correspondentes a espaçamentos de rede que são únicos para cada substância cristalina. Como parte deste procedimento, foram realizadas análises de difração de raios X utilizando um difratómetro de raios X da Philips, com radiação CuKθ1. Os padrões de difração de raios X correspondentes foram indexados de acordo com os padrões de difração padrão disponíveis na forma de uma base de dados PCPDFWIN versão 2.02, maio de 1999, emitida pelo ICDD (Centro Internacional de Dados de Difração). Os padrões de difração correspondentes são apresentados na Figura 3.1 e na Figura 3.2.

3.1.2. Análise Termo-Gravimétrica

Tendo identificado as fases presentes na liga principal, foi realizada uma análise química por via húmida das perfurações da liga para determinar a composição da liga.

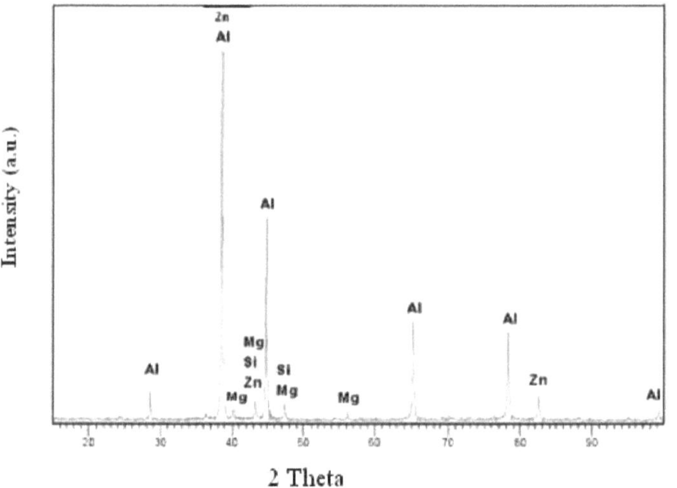

Figura: 3.1. Padrão de difração de raios X da liga Al-Si-Mg -Zn

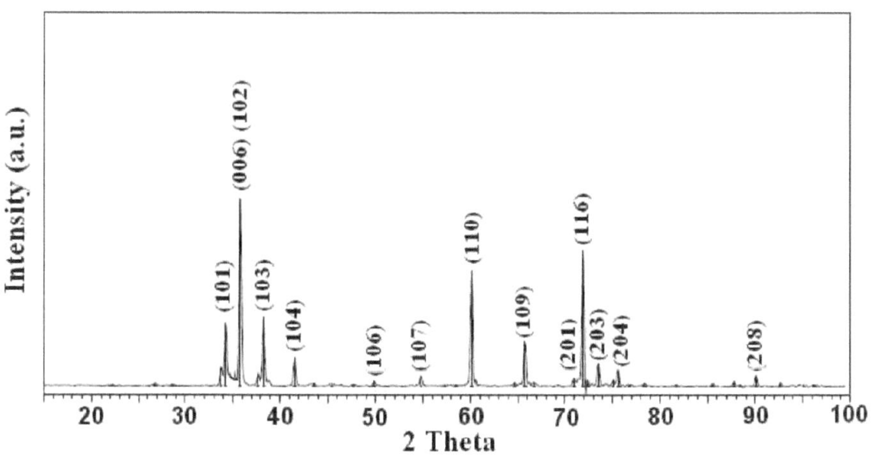

Figura: 3.2. Difractograma de raios X das partículas de SiC.

Para a determinação do ponto de fusão foi utilizado um analisador TG - DT, TGA - 850 da METTLER TOLEDO. A transição de fusão pode ser observada a 564° C a partir do termograma mostrado na Figura 3.3 As ligas de alumínio assim preparadas foram utilizadas para a infiltração de pré-formas de SiC.

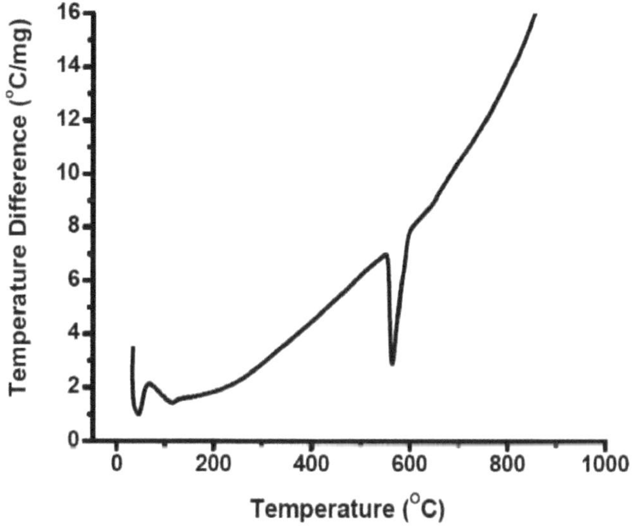

Figura: 3.3 Análises térmicas diferenciais da liga Al-Si-Mg-Zn utilizada no processo DIMOX

3.1.3. Caracterização do pó de SiC

As pré-formas de partículas para compósitos de matriz cerâmica foram preparadas com diferentes concentrações de reforço. Foi obtida uma variação na fração volumétrica, ou seja, no teor de reforço, utilizando partículas de SiC de diferentes tamanhos em proporções optimizadas. Os compósitos teriam então uma distribuição bimodal ou trimodal do reforço numa matriz contínua de Al2O3/Al.

Os pós de carboneto de silício após o tratamento de oxidação foram testados quanto ao seu tamanho médio de partículas utilizando um analisador de tamanho de partículas, Cilas Granulometer AS 920, que funciona segundo o princípio da dispersão dinâmica da luz. A análise do tamanho das partículas foi efectuada por técnica de difração, utilizando um laser que funciona com um comprimento de onda de 830 nm e um sensor de fotodíodos. Obteve-se uma distribuição granulométrica, como mostra a figura 3.4, que permite determinar o tamanho médio das partículas.

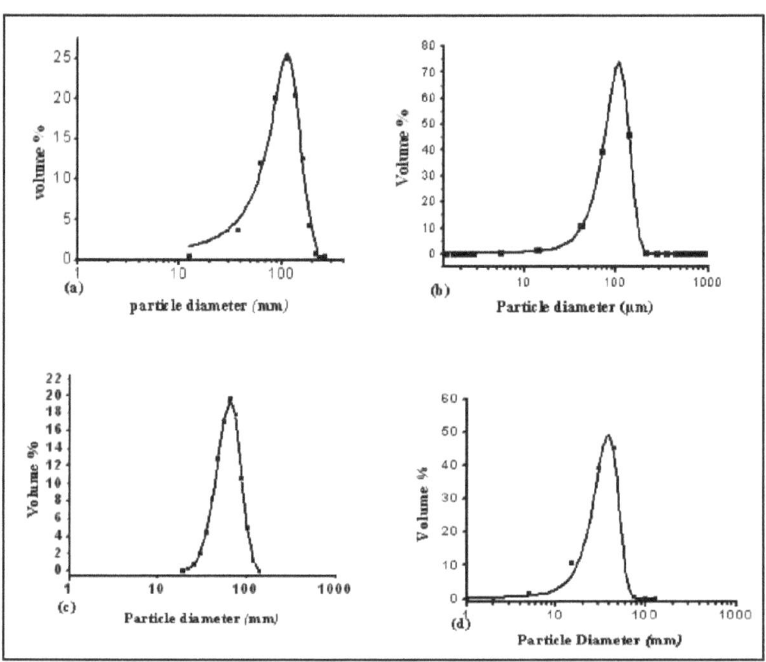

Figura 3.4 Distribuições granulométricas dos pós de SiC (a) grão 100, (b) grão 120 e (c) grão 220, (d) grão 400

Os pós foram ainda examinados num microscópio ótico para a determinação do tamanho médio das partículas e da morfologia do pó, como se mostra na Figura 3.5.

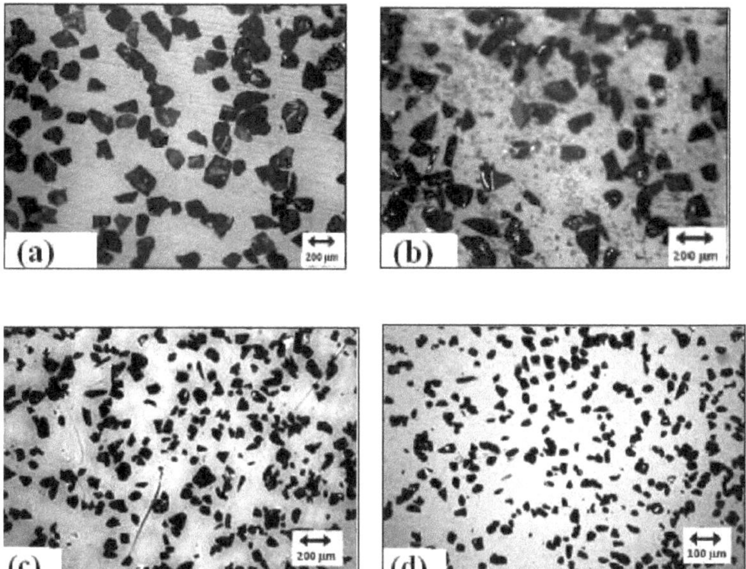

Figura: 3.5 Micrografias ópticas de partículas de SiC (a) grão 100, (b) grão 120 (c) grão 220 (d) grão 400.

A densidade real dos pós foi determinada de acordo com os procedimentos de ensaio normalizados pela American Society for Testing and Materials (1997). Entre os vários métodos de ensaio disponíveis, foi utilizado o "Standard test method for specific gravity of soil solids by water pycnometer, D854-92e1" para a determinação da densidade do pó [88]. O método envolve a aplicação de um picnómetro, vulgarmente conhecido como garrafa de gravidade específica, e a técnica é amplamente conhecida como picnometria. Existem dois tipos de picnometria: a picnometria líquida e a picnometria gasosa. Em casos normais, a picnometria líquida é mais viável e, neste caso, o picnómetro é um recipiente de vidro com um volume conhecido com precisão. Coloca-se no picnómetro uma certa quantidade de amostra de pó seco previamente pesada e enche-se o resto do volume com água bidestilada. A densidade do pó é determinada por medição da massa com uma balança de precisão. A relação seguinte fornece a densidade do pó.

$$Density = \frac{x * density\ of\ liquid\ (water)}{[y - (z-x)]}$$

Onde x: massa do provete, y: massa da água completamente cheia no frasco de densidade e z: massa do provete juntamente com a água completamente cheia no frasco de densidade. A densidade determinada desta forma foi utilizada para calcular o volume absoluto de pó de carboneto de silício numa pré-forma a partir de uma medição da sua massa. A medição das dimensões da pré-forma permitiu-nos determinar o volume da pré-forma. A relação entre o volume absoluto de carboneto de silício numa pré-forma e o volume da pré-forma é designada como a fração volumétrica de carboneto de silício na respectiva pré-forma ou compósito.

No presente estudo, pretende-se compreender o comportamento das propriedades mecânicas e físicas dos sistemas compósitos de matriz cerâmica SiCp/Al2O3 em função da fração volumétrica do reforço. Diferentes fracções volumétricas de reforço podem ser obtidas de mais do que uma forma. O método mais comum é a compactação de pó de uma determinada dimensão de partícula e a obtenção da fração volumétrica desejada através da variação das pressões de compactação. O processo de compactação é um método fácil de utilizar para a preparação de pré-formas em pó, quer para sinterização direta quer para experiências de infiltração. No entanto, o processo de compactação tem as suas próprias limitações. Algumas delas são a necessidade de uma unidade de compactação, um molde com as dimensões necessárias, a complexidade das formas, etc. Além disso, a fração volumétrica de reforço que pode ser obtida por compactação de pó com uma determinada dimensão de partícula está limitada a uma fração volumétrica máxima de 0,55 de reforço [89]. Uma boa forma de ultrapassar esta limitação e de obter pré-formas em pó com fracções volumétricas mais elevadas é compactar pó que seja uma mistura de duas ou mais granulometrias diferentes. No entanto, este método não é simples e implica uma escolha cuidadosa das proporções granulométricas do pó a utilizar na mistura, seguida de uma compactação bem sucedida para obter pré-formas de pó com fracções volumétricas mais elevadas. Foram escolhidos pós de SiC com granulometrias adequadas a fracções volumétricas elevadas para obter pré-formas, tanto soltas como compactas, com diferentes fracções volumétricas de SiC.

3.1.4. Fabrico do cadinho a. Molde de areia

Os moldes de areia utilizados no presente trabalho para efetuar as experiências de base não foram referidos como sendo utilizados pela Lanxide Corporation e foram fabricados internamente a partir de areia de gyrecon. Foi preparada uma mistura com 5% de silicato de sódio por kg de areia e uma certa quantidade de água, sendo depois homogeneizada. A mistura foi enchida num molde de madeira que foi feito com a forma negativa necessária para o compósito. O molde foi então endurecido pela passagem de CO_2 através dos orifícios de elevação e foi seco ao ar à temperatura ambiente durante um período de 24 horas e, em seguida, parcialmente aquecido num forno e depois pré-aquecido até 1000^0 C durante cerca de 3 horas. Estes moldes de areia de zircão são adequados para a produção de formas complexas e são económicos. Observou-se que os moldes de areia normais rachavam a altas temperaturas de processamento devido a uma transformação de fase e foram mais tarde substituídos nas nossas experiências por areia de zircão e a sua utilização na prática de fundição de ligas de alumínio.

Figura 3.6 O molde utilizado para estudar o efeito de diferentes factores de crescimento.

Foi estudada a capacidade do promotor para iniciar e promover o crescimento de camadas espessas de alumina na superfície superior de blocos cúbicos de alumínio a diferentes temperaturas em ar/O2. A Figura 3.6 mostra uma fotografia do molde de areia de zircão ($ZrSiO_4$) utilizado para o crescimento da liga de Al com diferentes compostos promotores de crescimento em atmosfera de ar/O2.

b. Molde de concha

O fabrico de moldes de conchas está bem estabelecido no nosso laboratório e as conchas podem ser formadas em formas complexas. Os moldes que foram utilizados para fins experimentais foram revestidos com gesso (paredes interiores) para evitar a interação entre o molde e o alumínio fundido. Os moldes foram então tratados termicamente num forno à temperatura ambiente para secar o revestimento protetor e foram feitos orifícios no molde nas partes necessárias para a permeação de gás. A Figura 3.7 mostra uma vista do recipiente refratário (molde de casca) utilizado para fabricar materiais compósitos de matriz cerâmica SiC/Al2O3.

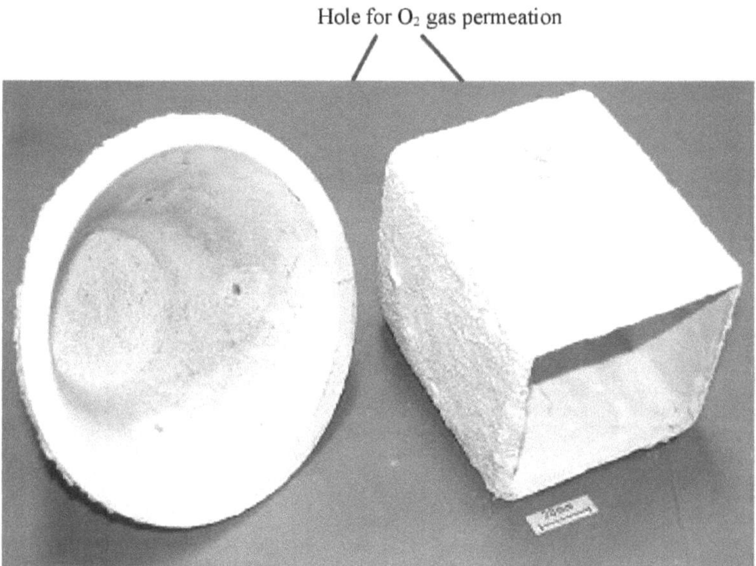

Figura 3.7 Diferentes formas de recipientes utilizados para preparar compósitos de matriz cerâmica SiCp/Al2O3

3.1.5. Preparação da pré-forma

O pó de carboneto de silício de qualidade comercial com granulometrias de 100, 120 e 220 foi utilizado na preparação de pré-formas para o crescimento de compósitos de matriz cerâmica. Antes de serem utilizados em experiências de infiltração, os pós de carboneto de silício foram submetidos a um tratamento térmico ao ar a uma temperatura de 1200° C durante 4 h. Este tratamento destinava-se a desenvolver uma camada protetora de óxido de sílica na superfície das partículas de carboneto de silício [90].

A densidade do pó de SiC foi medida de acordo com a norma ASTM: D854-92e1 [91]. A densidade do pó de SiC utilizado foi medida como sendo 3197 kg/m³ e tem uma porosidade de quase 0,53% quando comparada com a densidade real obtida no Handbook of Chemistry and Physics, 1971. A densidade do SiC, medida pelo método acima referido, é utilizada para calcular o volume absoluto do SiC a partir da sua massa. A densidade de empacotamento dos pós de SiC variou com o tamanho das partículas. A fração volumétrica de SiC com diferentes dimensões de partículas é apresentada na Tabela 3.1, juntamente com as correspondentes densidades de empacotamento.

Tabela 3.1 Detalhes das fracções volumétricas dos compósitos estudados neste trabalho.

Labe l	tamanho do	Tamanho médio das	Densidade	da Volume

	grão	partículas (μm)	embalagem na torneira (kg/m^3)	Fração
B1	# 100	125	1118	0.35
B2	# 120	106	1286	0.40
B3	# 220	53	1382	0.43

O outro conjunto no fabrico de um componente compósito de matriz cerâmica é a produção de uma pré-forma de forma quase líquida a partir de partículas de SiC. As pré-formas de partículas de SiC podem ser produzidas por qualquer uma das vias convencionais de processamento de cerâmica, como o processamento uniaxial ou isostático, a moldagem por injeção, a extrusão ou a fundição por deslizamento. Mas estes métodos convencionais são dispendiosos e produzem formas limitadas. Não é possível obter densidades de empacotamento mais elevadas apenas aumentando a presença de prensagem.

3.1.6. Fabrico de compósitos de matriz cerâmica SiCp/Al2O3

O crescimento da alumina a partir de uma liga fundida de Al-9Zn-8,5Si-1,5Mg em atmosfera de O2 foi estudado em duas fases de experiências: (1) a liga foi exposta em atmosfera de O2 sem qualquer pré-forma com diferentes compostos promotores de crescimento para identificar um composto promotor de crescimento. Compostos que produzem um crescimento robusto controlado. (2) O crescimento do óxido em pré-formas de SiC para fabricar amostras suficientemente grandes para medições.

Nas experiências iniciais para conhecer os estudos do composto promotor de crescimento, um lingote de liga de Al foi cortado em peças de 15 mm × 15 mm × 15 mm (total de 9 números). A superfície superior do lingote de liga foi uniformemente revestida com uma camada de diferentes óxidos inorgânicos, nomeadamente SnO2, Bi2O3, CaCO3, MgO, ZnO, TiO2, Y2O3, SnO2+ Bi2O3 e MgO+ ZnO. Os outros lados da liga foram revestidos com gesso para evitar o crescimento para os lados. O lingote de liga revestido foi pré-aquecido num forno durante 4 horas a 100° C. Os lingotes de liga pré-aquecidos foram colocados em cavidades num molde de areia de zircão mostrado na Figura 3.6. O molde foi colocado numa mufla e aquecido a uma temperatura entre 950° C e 1000° C em atmosfera de oxigénio, com um tempo de permanência de 65 horas, seguido de arrefecimento do forno à temperatura ambiente. As amostras resultantes foram seccionadas verticalmente e polidas metalograficamente para estudos posteriores. Foram efectuadas observações para determinar a formação de Al2O3 na superfície superior das amostras utilizando SEM e EDS.

Foram preparadas pré-formas de carboneto de silício com diferentes fracções volumétricas de SiC. A fração volumétrica de SiC numa pré-forma é definida como a razão entre o volume absoluto de reforço e o volume da pré-forma. As pré-formas de pó solto de carboneto de silício foram utilizadas para a preparação de compósitos de matriz cerâmica. O volume absoluto do reforço foi determinado a partir da massa medida para cada pré-forma e da densidade do SiC. Além disso, o volume da pré-forma é definido pelas dimensões interiores do recipiente e pela altura a que um leito de pó pode ser embalado em condições praticamente sem carga, para pré-formas de pó solto.

O volume de uma pré-forma de pó foi determinado pelas dimensões externas da pré-forma. Assim, foram preparadas pré-formas com diferentes fracções de volume, com dimensões bem definidas, a partir de pós principais compostos por SiC de diferentes tamanhos de partículas. As pré-formas foram secas numa estufa a uma temperatura $\alpha 100^\circ$ C durante 24 horas. Isto é essencial para garantir a remoção da humidade residual da pré-forma.

A presente técnica para a preparação de compósitos de matriz cerâmica é diferente de outros métodos convencionais de fabrico de compósitos, na medida em que não há aplicação de qualquer força externa ou vácuo para conduzir o metal fundido para os capilares da pré-forma em pó. O processo pode ser realizado a uma pressão ligeiramente superior à pressão atmosférica com um fluxo contínuo de oxigénio, ao contrário de outras técnicas em que é necessário recorrer a equipamento de alta precisão. A Figura 3.8 apresenta um esquema da instalação experimental utilizada no presente trabalho. Foi utilizado um cadinho de areia de zircónio com um leito de areia de zircónio no fundo (foram utilizados cadinhos de areia de zircónio em vez de areia normal porque a primeira não se transforma com a mudança de volume a alta temperatura). Uma pré-forma de SiC, normalmente uma pré-forma em pó com uma porosidade contínua necessária, foi mantida no topo do leito de areia. Um bloco de Al ligado adequado (contendo Mg, Si e Zn como elementos de liga) foi mantido no topo da pré-forma. Foi aplicada uma camada de gesso no topo do leito de areia de zircónio e também na superfície interna do cadinho de zircónio para travar o crescimento do compósito nessas direcções. O composto promotor de crescimento (discutido noutro local, 50% Bi2O3 e 50% SnO2 em peso) foi aplicado na parte inferior do bloco de liga de alumínio para provocar o crescimento do compósito a partir da superfície inferior do bloco de liga para a pré-forma de SiC. Os outros lados do bloco de liga de alumínio foram revestidos com gesso para evitar o crescimento de óxido nessas direcções. O gás oxigénio foi continuamente introduzido no cadinho, a uma velocidade lenta, no fundo do leito de areia de zircão. O conjunto da amostra, constituído pela pré-forma de carboneto de silício e pela liga de alumínio, foi colocado numa mufla, como se mostra na Figura 3.9.

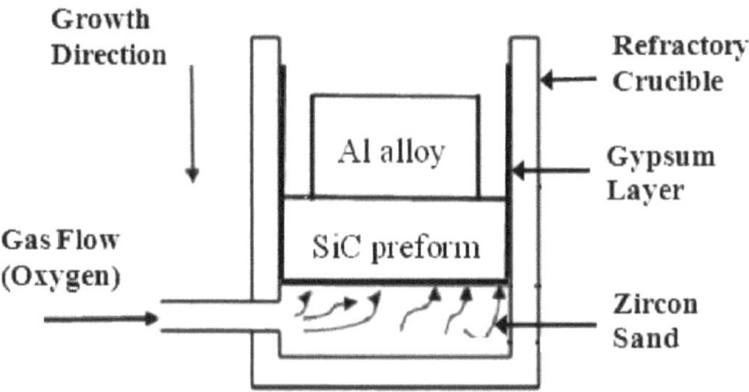

Figura: 3.8 Vista esquemática do set-up utilizado no processo DIMOX para fabricação de SiCp/Al2O3.

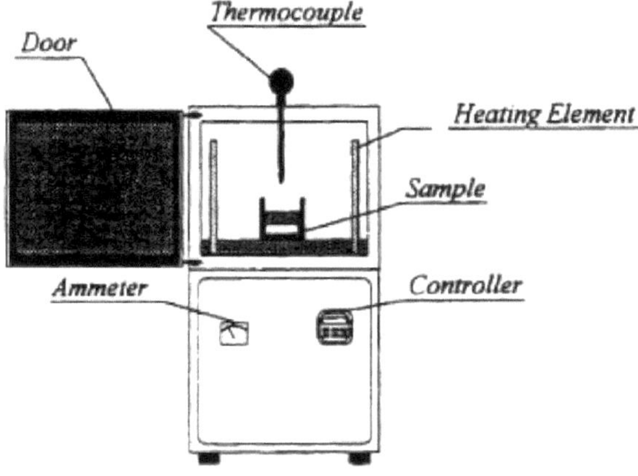

Figura 3.9 Esquema do forno de mufla utilizado nas experiências

O forno aquece até à temperatura desejada, utilizando elementos de aquecimento Kanthal. O forno foi aquecido desde a temperatura ambiente até uma temperatura muito acima do ponto de fusão da liga de alumínio, numa atmosfera de oxigénio em fluxo. O fluxo de oxigénio foi mantido durante todo o processo. O conjunto é aquecido a uma temperatura tipicamente entre 950º C e 980º C. Após um curto período de iniciação, uma fase de matriz cerâmica altamente interligada de alumina alfa começa a crescer na pré-forma a partir da interface liga/pré-forma. O crescimento da matriz continuará enquanto a temperatura da liga e o oxigénio estiverem disponíveis para sustentar o crescimento. Isto permite a produção de componentes de secção transversal espessa através deste

41

processo. As taxas de crescimento típicas situam-se na gama de 0,1 - 0,3 mm/hora [30]. O tempo típico de crescimento do componente para fabricar um compósito de matriz cerâmica com matriz de alumina reforçada com SiC é de 65 horas. Após a formação do óxido, a temperatura do forno foi lentamente reduzida para a temperatura ambiente. Um ciclo típico de aquecimento e arrefecimento para o fabrico do compósito de matriz cerâmica Al2O3/SiCp é apresentado na Figura 3.10. Neste estudo, foi produzido um bloco infiltrado de aproximadamente 70 mm × 70 mm × 20 mm (Figura 3.11b). Os compósitos de matriz de alumina reforçados com partículas de carboneto de silício obtidos desta forma foram seccionados nas dimensões necessárias para posterior caraterização. As caraterísticas microscópicas dos compósitos foram avaliadas com a ajuda de técnicas padrão disponíveis. As propriedades mecânicas e físicas dos compósitos foram determinadas e estudadas em função da fração volumétrica do reforço na condição de preparados.

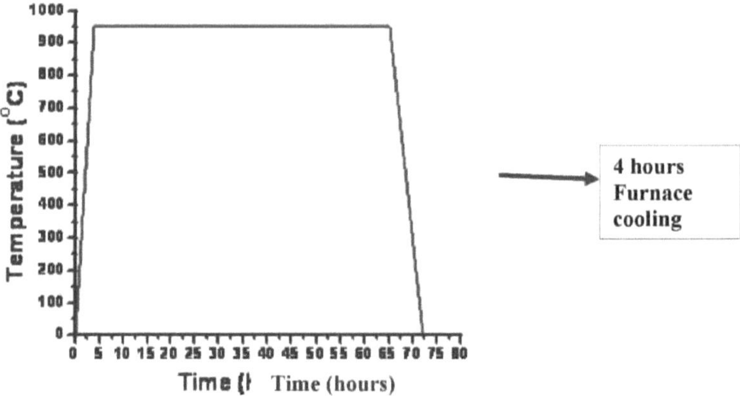

Figura: 3.10 Representação esquemática do ciclo típico de aquecimento e arrefecimento do compósito de matriz cerâmica SiCp /Al2O3.

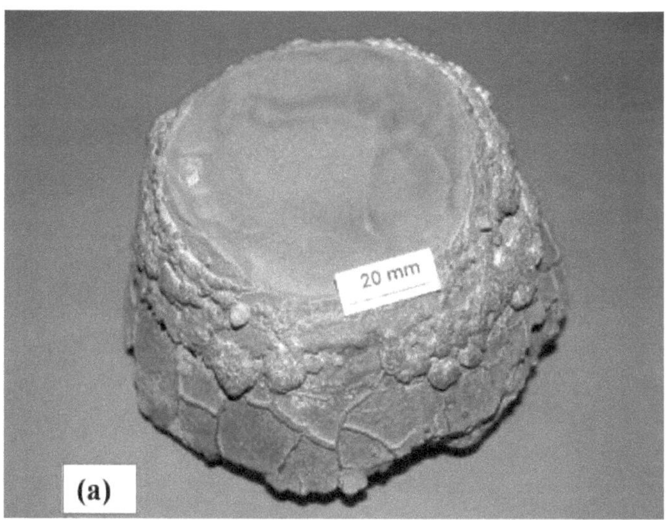

Figura 3.11 (a) Um grande espécime de compósito SiCp/Al2O3 preparado por processo de oxidação dirigida de metal numa forma cónica. Nota-se que o compósito SiCp/Al2O3 assim obtido tem a forma do molde.

Figura 3.11 (b) Compósito de SiCp/Al2O3 por processo de oxidação dirigida de metais (70 × 70 × 20, em mm) de forma retangular

Figura 3.11 (c) Um exemplo que ilustra a forma como os compósitos DIMOX crescem. O crescimento foi interrompido a meio e a amostra foi maquinada para revelar as caraterísticas mais salientes. A liga de alumínio deixada após o processo pode ser vista na parte inferior. A região oca é a região a partir da qual o Al foi destruído durante o crescimento oxidativo. A porção é o compósito. O compósito foi maquinado para revelar a ausência de porosidade macroscópica. A peça de liga original, embora estivesse completamente fundida na fase de crescimento do compósito, mantém a sua forma original devido à reação na sua superfície com o revestimento inibidor de crescimento de gesso.

3.2. Técnicas de caraterização utilizadas

Os compósitos SiCp/Al2O3 com diferentes fracções de volume de partículas de SiC foram gerados, e alguns deles foram mostrados na Figura 3.11. Pode observar-se a partir da figura que as dimensões do material compósito fabricado no presente trabalho são suficientemente grandes para produzir espécimes para várias medições. As amostras obtidas da forma acima descrita foram cortadas com ferramentas de ponta de diamante em espécimes necessários para diferentes medições de propriedades mecânicas e físicas. Foram recolhidas várias amostras de diferentes partes do compósito para cada medição, de modo a obter um conjunto de dados verdadeiramente representativo. As diferentes técnicas de caraterização utilizadas no presente trabalho são discutidas a seguir.

3.2.1. Fase e microestrutura

3.2.1.1. Análises de difração de raios X

As amostras em pó dos compósitos SiCp/Al2O3 foram analisadas com a ajuda da técnica de difração de raios X. Os difractogramas de raios X foram obtidos utilizando uma radiação $CuK\alpha$ de um difratómetro de raios X Philips. O padrão de difração de raios X foi indexado e comparado com os padrões de difração dos materiais de partida, ou seja, a liga principal, Al-8,5 Si-1,5Mg-9Zn e o reforço de SiC. Quaisquer fases adicionais formadas foram identificadas por comparação com o padrão standard em JCPDF [127].

3.2.1.2. Microscopia ótica e análise de imagens

Um microscópio ótico é um instrumento que amplia e resolve a estrutura dos materiais em análise e é o instrumento mais utilizado no domínio da metalografia [92]. O instrumento é constituído por quatro componentes: Uma fonte de luz, lente condensadora, lente objetiva e uma ocular. A lente do condensador recolhe os raios de luz da fonte e foca o feixe na amostra. A luz reflectida é recolhida pela lente objetiva para formar uma imagem aérea real e ampliada da amostra. Esta imagem real é ainda ampliada pela ocular para formar a imagem final que representa a microestrutura ótica do espécime. A qualidade da imagem depende muito da rugosidade da superfície do espécime. Quando o espécime tem uma rugosidade de superfície elevada, o feixe de luz incidente é refletido a partir de planos inclinados locais e resultaria numa imagem difusa. Para eliminar a rugosidade da superfície e obter uma superfície altamente reflectora, o espécime tem de ser polido de acordo com técnicas metalográficas padrão. O procedimento de polimento envolve a utilização de material abrasivo para a remoção gradual de material, desenvolvendo assim uma superfície plana com elevada refletividade.

Uma pequena secção representativa de um compósito de cada fração de volume é montada e polida utilizando compostos de lapidação de diamante para obter superfícies altamente reflectoras. Os espécimes de compósito foram montados em baquelite utilizando a técnica de montagem a quente e foram polidos com algumas alterações nos procedimentos metalográficos padrão de polimento. As amostras foram polidas com pastas de lapidação de diamante a partir de 9 ~m e agrupadas até 0,8 µm em etapas, com água destilada como lubrificante e também refrigerante. Devido à presença de diferentes fases com dureza muito variável, teve-se o cuidado de polir durante longos períodos (~ ½ horas) com compostos de lapidação de cada tamanho. Foi tomado cuidado para evitar qualquer contaminação por partículas maiores quando se trabalha com pasta de diamante de partículas mais pequenas. As secções polidas dos compósitos foram limpas por ultra-sons ao mudar o tamanho do abrasivo utilizado e a evolução da microestrutura foi monitorizada. Estas secções foram observadas num microscópio de luz reflectida da Leica para o exame das caraterísticas microestruturais e outras análises quantitativas.

As microestruturas ópticas também permitem a quantificação de fases secundárias, vazios (se presentes), a determinação do tamanho do grão, etc., enquanto os outros métodos de avaliação das fracções de fase/volume, como a técnica de dissolução, são bastante fastidiosos e, por vezes, enganadores [93]. A avaliação da fração de fase/volume através de análises quantitativas de imagem das microestruturas é um método bastante simples e rápido. A análise de imagens baseia-se no princípio do contraste diferencial que permite a identificação das várias fases presentes, tal como são vistas na microestrutura. Um sistema de aquisição digital ligado ao microscópio permite captar imagens da microestrutura. Foram capturadas e analisadas secções suficientemente representativas da microestrutura. Estas imagens foram analisadas utilizando o software de análise de imagem Bio-Vis Materials Plus - versão 1.5. Seguiu-se a determinação da fração de fase/volume da fase dispersa, neste caso o carboneto de silício. O princípio básico aqui utilizado é que a fração de volume de uma fase é igual à fração de área numa secção plana aleatória e é igual à fração linear numa linha aleatória através da microestrutura tridimensional. A fração volumétrica de uma fase é também igual à fração pontual de pontos distribuídos aleatoriamente que se encontram dentro dessa fase particular [93].

$$V_f = \frac{V_d}{V} = A_f = \frac{A_d}{A} = L_f = \frac{L_d}{L} = P_f = \frac{P_d}{P}$$

(3.4)

V_f = fração volumétrica da fase dispersa.

V_d = Volume da fase dispersa no provete.

V = Volume total do provete.

A_f = fração de área da fase dispersa numa secção plana aleatória.

A = Área da secção plana aleatória.

L_f = fração linear da fase dispersa sobre uma linha aleatória.

L_d = Comprimento total da fase dispersa ao longo da linha aleatória.

L = Comprimento total da linha aleatória.

P_f = fração pontual da fase dispersa.

P_d = Número de pontos que caem na fase dispersa.

P = Número total de pontos aleatórios.

A medição da fração de volume a partir da análise de imagens baseia-se no princípio da contagem de pontos com a ajuda de um algoritmo que determinaria a fração de área de uma determinada fase e converteria subsequentemente a fração de área numa área sob observação para fração de volume da fase correspondente. Várias dessas áreas foram observadas e avaliadas quanto à fração de fase/volume em diferentes ampliações. A média destas áreas foi considerada como representando a fração de volume de um compósito.

3.2.1.3. Microscopia eletrónica de varrimento

A microscopia eletrónica de varrimento é muito útil na análise de caraterísticas microestruturais em que os microscópios ópticos não fornecem uma resolução adequada, até uma ampliação da ordem de $\times 10^5$ [94]. Outra caraterística importante do MEV é a capacidade de observar em 3 dimensões, por exemplo, uma superfície fracturada. No MEV, um feixe de electrões é focado numa sonda fina e, subsequentemente, é feito um varrimento numa pequena área retangular. À medida que o feixe interage com a amostra, cria vários sinais (electrões secundários, correntes internas, emissão de fotões, etc.), que podem ser detectados de forma adequada. Estes sinais estão altamente localizados na área diretamente sob o feixe. Utilizando estes sinais para modular a luminosidade de um tubo de raios catódicos, que é varrido em sincronia com o feixe de electrões para formar uma imagem no ecrã. Esta imagem é altamente ampliada e tem normalmente o aspeto de uma imagem microscópica tradicional, mas com uma profundidade de campo muito maior.

Os materiais compósitos, obtidos através da técnica de infiltração por fusão dirigida, foram ainda caracterizados quanto à composição e distribuição das fases a nível microscópico. Para este efeito, foi utilizado um microscópio eletrónico de varrimento - LEO 440i da Oxford Instruments, acoplado a um analisador EDS (Energy Dispersive Spectrometer). Foram efectuadas análises exclusivas das porções da matriz e da interface da microestrutura, a fim de avaliar a composição da fase da matriz após o processo de infiltração por fusão. A estabilidade de um produto de reação interfacial determinaria o grau de caraterísticas de ligação entre o reforço e a matriz. Um produto de reação interfacial que seja estável em ambiente operacional indicaria boas caraterísticas de ligação entre a matriz e o reforço.

3.2.3. Propriedades físicas Avaliadas

3.2.3.1.   Densidade e porosidade

O compósito é caracterizado principalmente pelos seus níveis de densidade e porosidade utilizando o método de deslocamento de líquido, ou seja, o princípio de Arquimedes. A densidade de um objeto é então dada pela seguinte relação.

Os espécimes destinados à medição da densidade foram tratados termicamente num forno ventilado a uma temperatura de µ 150° C durante cerca de 24 horas. Isto foi feito para garantir que não houvesse qualquer humidade presente nos espécimes. As amostras foram então arrefecidas num dessecador de vidro contendo sílica gel seca. As massas dos compósitos foram medidas utilizando uma balança eletrónica da Mettler que pode medir a massa de um objeto com uma precisão de 0,1 mg. As medições foram efectuadas à temperatura ambiente com água bidestilada como meio líquido a deslocar. A fim de obter um valor representativo da densidade e da porosidade do compósito de matriz cerâmica, foram medidas pelo menos 15 amostras de compósitos de cada fração de volume. A média destas medições é projectada como um valor representativo da densidade e da porosidade dos compósitos correspondentes. Cada espécime foi primeiro pesado ao ar (m1 gramas). Em seguida, foi imerso em água num balão cónico e o ar acima da água foi continuamente evacuado durante ½ hora. Observam-se bolhas de ar a sair dos poros das amostras e a fuga de bolhas de ar pára ao fim de ½ hora. A água substituirá completamente o ar na porosidade aberta das amostras. A porosidade fechada não pode ser acedida. Retira-se a amostra, seca-se a parte exterior com um pano fino e pesa-se novamente (m2 gramas). A amostra com água nos poros é então pesada debaixo de água (m3 gramas), (m2 - m1) é a massa da água que preenche a porosidade aberta e, portanto, o volume da porosidade aberta é (m2 - m1) cc. A perda de peso da amostra com água nos poros (m2 - m3) é igual ao volume de água deslocado pela amostra, é igual ao volume externo da amostra. Por conseguinte, a percentagem de volume da porosidade é igual a (m2 - m1) × 100 / (m2- m3). A densidade da amostra é igual a m1 / (m2 - m1).

3.2.3.2. *Coeficiente de expansão térmica*

Os materiais compósitos foram caracterizados quanto ao coeficiente de expansão térmica linear na gama de temperaturas: 50° C a 300° C. A representação esquemática da experiência é mostrada na Figura. 3.18. O coeficiente de expansão térmica linear de um material é definido como a variação relativa do comprimento de um provete por unidade de variação de temperatura ou é expresso da seguinte forma [100].

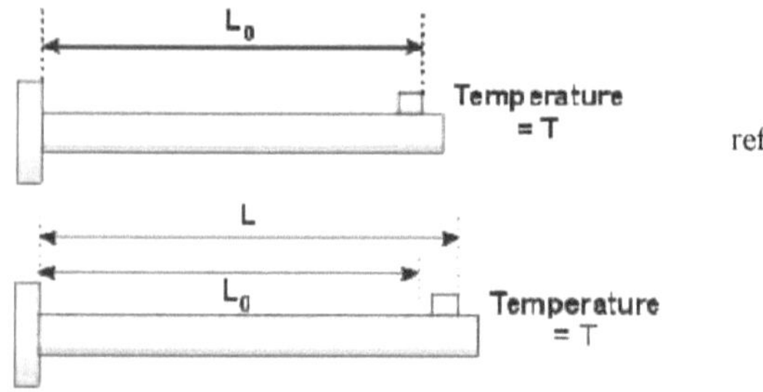

Figura 3.18 Esquema da dilatação devida a uma mudança de temperatura

$$\overline{\alpha}(T) = \frac{1}{T - T_{ref}} \left(\frac{\Delta l_{thermal}}{l} \right)$$

(3.10)

em que ~ é o coeficiente de dilatação térmica linear, αl é a variação de comprimento causada numa amostra de comprimento l devido a uma variação de temperatura de ΔT. Δ, o coeficiente de expansão térmica linear é medido em unidades de 10^{-6} /K, para todos os fins comuns. As medições do coeficiente de expansão térmica linear foram efectuadas utilizando um dilatómetro padrão da NETZSCH Instruments. Uma técnica básica de haste de pressão está envolvida na operação do instrumento. A configuração consiste num longo tubo refratário com uma rolha no interior para travar o movimento da amostra numa das duas direcções, disponível ao longo do comprimento. Uma haste de pressão está localizada do outro lado do provete, de modo a que quaisquer alterações nas dimensões do provete sejam transmitidas à haste de pressão. A alteração da posição da haste de pressão é indicada por um LVDT (Linear Variable Differential Transducer), cujo funcionamento se baseia no princípio de um condensador de placas paralelas. A saída do LVDT, em volts, seria então transformada para representar a saída do dilatómetro em mm. O instrumento é ainda ligado a um computador pessoal através de um barramento de interface de uso geral, a fim de facilitar a aquisição precisa de dados. Assim, o coeficiente de expansão térmica linear é obtido como o declive de um gráfico entre a variação relativa do comprimento e a temperatura. Os ensaios de expansão térmica foram realizados em condições bem especificadas de uma força de 30 cN aplicada pela haste de pressão na amostra e um fluxo constante de gás Ar/N2 a uma taxa de 50 cc/min. Os compósitos SiCp/Al2O3 com concentrações variadas de SiC foram cortados com as seguintes dimensões: 25 mm de comprimento, 6 mm de largura e 6 mm de espessura. Os espécimes foram aquecidos a uma temperatura de 300º C a partir da temperatura ambiente, juntamente com a aquisição simultânea de dados. Os espécimes de compósitos de cada fração de volume foram testados quanto ao coeficiente de expansão térmica linear para compreender a variação causada por uma alteração na fração de volume. Para obter uma representação estatística dos dados, foram testados, no mínimo, três espécimes de cada fração de volume. A média destas medições representaria o coeficiente de expansão térmica linear do compósito de matriz cerâmica na gama de temperaturas de medição. A variação observada no coeficiente de expansão térmica foi ainda comparada com resultados experimentais disponíveis na literatura e os resultados experimentais são também examinados no contexto dos modelos matemáticos actuais.

3.2.3.3.   *Módulo de elasticidade*

Os compósitos foram caracterizados quanto à velocidade da onda sonora utilizando a técnica ultra-sónica de pulso-eco. Nesta técnica, um impulso ultrassónico é transmitido através de um material de espessura conhecida e a reflexão da parede posterior foi rastreada para medir o tempo de atraso entre os ecos [101]. A Figura 3.19 apresenta um esquema da montagem experimental para medições ultra-sónicas. Todas as medições foram efectuadas à temperatura ambiente para determinar as velocidades das ondas longitudinais e transversais nos compósitos de matriz cerâmica.

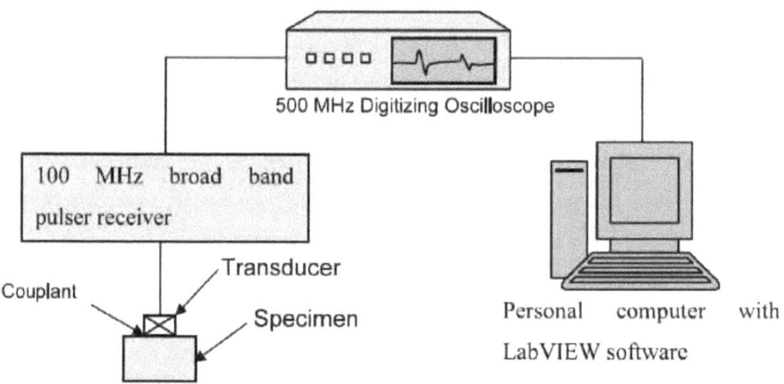

Figura 3.19 Esquema da instalação experimental para medições ultra-sónicas

Foram maquinadas amostras de 25 mm x 25 mm x 5 mm a partir de um bloco de compósito de matriz cerâmica para medições de velocidade ultra-sónica. Os espécimes foram rectificados para um bom acabamento, de modo a minimizar a rugosidade da superfície, o que permitiria um acoplamento eficiente entre o espécime e o transdutor. Foi utilizado um pulsador-recetor de banda larga de 100 MHz (M/s. Accutron, EUA) para fornecer o impulso elétrico ao transdutor para gerar as ondas ultra-sónicas. Os transdutores são constituídos por cristais piezoeléctricos, que vibram com a aplicação de impulsos eléctricos através da espessura e geram as ondas mecânicas. No caso do transdutor de ondas longitudinais, o cristal piezoelétrico é cortado perpendicularmente ao eixo elétrico (cristais de corte em X) e, por conseguinte, quando o impulso elétrico é aplicado na direção da espessura, o cristal vibra na direção da espessura (ou seja, perpendicularmente à superfície da amostra) e gera a onda longitudinal na amostra acoplada ao transdutor. Já no caso do transdutor de ondas de cisalhamento, o cristal piezoelétrico é cortado perpendicularmente ao eixo mecânico (cristal cortado em Y) e, portanto, quando o impulso elétrico é aplicado na direção da espessura, o cristal vibra na direção da largura (ou seja, paralelamente à superfície do provete), gerando assim a onda de cisalhamento no provete acoplado ao transdutor. O esquema da propagação das ondas longitudinais e de cisalhamento é mostrado na Figura 3.20. No caso da onda longitudinal, a vibração da partícula é na direção do movimento da onda, enquanto que, no caso da onda de corte, a vibração da partícula é perpendicular à direção do movimento da onda.

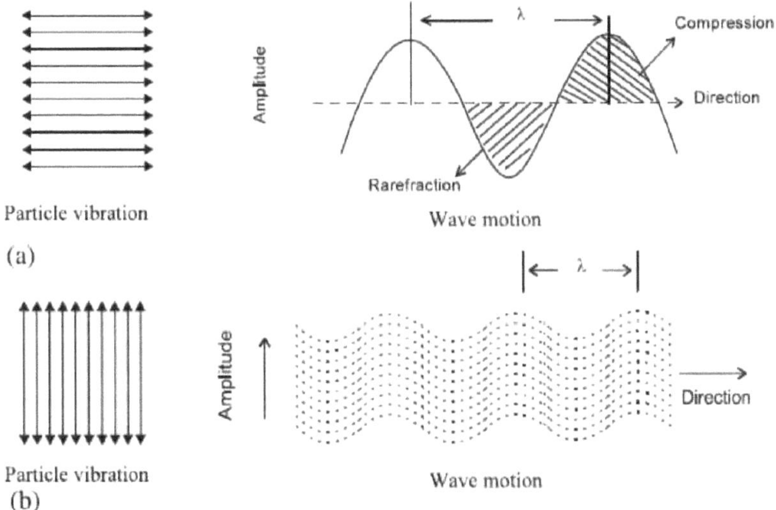

Figura 3.20 Representação esquemática da propagação de ondas ultra-sónicas nos modos de vibração (a) longitudinal e (b) de corte

O impulso incidente atravessaria o material até atingir a sua parede posterior e refletir-se-ia, dando origem a ecos do feixe acústico incidente. No decurso da sua viagem através de um material como um compósito, espera-se que o impulso ultrassónico se depare com interfaces entre a matriz e o reforço. As duas fases do compósito possuem propriedades materiais diferentes, como diferenças de velocidade ou mesmo de coeficientes de absorção e de dispersão na interface. Em resultado disso, observa-se uma rápida atenuação do sinal refletido. Para lidar com a enorme quantidade de dispersão interfacial observada no material compósito, foram utilizados transdutores ultra-sónicos com uma vasta gama de frequências para transmitir e receber os impulsos. Um transdutor ultrassónico de banda larga com uma frequência de 1 - 8 MHz foi utilizado para medições de velocidade longitudinal nos compósitos. As medições da velocidade da onda de cisalhamento foram realizadas utilizando um transdutor piezoelétrico de onda de cisalhamento de feixe normal de 5 MHz (V155), fornecido pela M/s. Panametrics Inc, EUA. Para a medição das velocidades da onda longitudinal, utilizou-se glicerina como acoplante entre o transdutor e a amostra para uma transmissão eficiente do impulso ultrassónico para o material em investigação. Enquanto que as medições da velocidade da onda de cisalhamento foram efectuadas em amostras acopladas ao respetivo transdutor com a ajuda de mel queimado (M/s. Panametrics, EUA). As ondas ultra-sónicas reflectidas a partir da parede posterior do espécime foram captadas pelo mesmo transdutor e convertidas em sinal elétrico. Este sinal elétrico foi adquirido pelo recetor com as definições óptimas de ganho e amortecimento, e o sinal de RF foi enviado para o osciloscópio digitalizador de 500 MHz (Tektronix TDS524). O sinal foi digitalizado a 500 MHz e calculada a média de cerca de 50 sinais. Os ecos da parede posterior (duração de 2048 ns) do osciloscópio foram transferidos para o computador pessoal com a ajuda da interface General Purpose Interface Bus (GPIB) e do software Lab-VIEW. Foi desenvolvido um programa específico no software Lab-VIEW versão 3.1.1 para o cálculo do tempo de trânsito utilizando a técnica de correlação cruzada. Esta técnica foi utilizada para evitar o problema do efeito de campo próximo do transdutor. A medição da função de correlação cruzada é especialmente útil para determinar o tempo exato de atraso entre sinais ruidosos semelhantes mas distorcidos. Na prática, a correlação cruzada é frequentemente utilizada para eliminar o jitter (incerteza temporal aleatória na chegada de sinais quase periódicos). A técnica de correlação cruzada tem sido utilizada para medições precisas da velocidade. Os vários passos envolvidos nesta metodologia são os seguintes (a) aquisição de dois ecos digitalizados do osciloscópio, (b) correlação cruzada dos ecos para encontrar o atraso de tempo aproximado, (c) aplicação de um método de interpolação para obter um atraso de tempo preciso e (d) cálculo da medição da velocidade utilizando o atraso de tempo e a espessura da amostra com a seguinte equação.

$$Velocity, V = \frac{2 \times Number\ of\ echoes \times thickness}{time\ delay}$$

A exatidão na medição do tempo de voo é superior a ± 1 ns e, por sua vez, a exatidão na medição das velocidades das ondas ultra-sónicas longitudinais e de cisalhamento para espessuras dos provetes na gama de $5,0 \pm 0,002$ mm é superior a 10 m/s e 5 m/s, respetivamente. As medições ultra-sónicas foram realizadas em três locais diferentes em cada amostra e a média correspondente é considerada na presente investigação. Os compósitos estudados no presente trabalho possuem reforço sob a forma de uma partícula e o facto de o processo de fabrico não empregar qualquer forma de forças externas reforça o conceito de natureza isotrópica dos compósitos. A medição das velocidades das ondas sonoras, tanto longitudinais como transversais, permitiria a determinação de várias constantes elásticas de um material. Existe um número total de 36 constantes elásticas definidas para um material que é anisotrópico. O número de constantes elásticas necessárias para a descrição de um material homogéneo e isotrópico seria de 2. No caso presente de um compósito de matriz cerâmica reforçada com partículas, seria uma suposição bem justificada que o compósito é isotrópico por natureza. As equações padrão válidas para materiais isotrópicos e homogéneos foram utilizadas para a determinação dos módulos elástico, de cisalhamento e de massa do material compósito de matriz cerâmica a partir dos dados de velocidade ultra-sónica.

3.2.3.4. Condutividade térmica

A condutividade térmica é uma propriedade física de uma substância e caracteriza a capacidade da substância para transferir calor. Determina a quantidade de calor que flui por unidade de tempo por unidade de área a uma queda de temperatura de 1° C por unidade de comprimento. A condutividade térmica dos materiais pode ser medida através de uma abordagem direta (estado estacionário) ou transitória. Foi utilizada uma técnica de estado estacionário para as medições da condutividade térmica. A técnica emprega um sistema de Fluxo de Calor Comparativo - Guardado-Axial, como mostrado na Figura 3.21, para determinar a condutividade térmica de uma amostra usando uma variação da ASTM 1225-99 [102].

Nesta abordagem, uma amostra de condutividade térmica desconhecida é ensanduichada entre dois materiais com condutividades térmicas conhecidas. Aplicando calor na direção perpendicular às interfaces dos materiais e medindo a temperatura ao longo do comprimento dos três materiais, o fluxo de calor, q, pode ser inferido e utilizado para determinar a condutividade térmica de um espécime desconhecido desde então:

$$q = -kA\frac{\Delta T}{\Delta x}$$

$$\lambda_S = \frac{(q_{top} + q_{bottom}) \cdot (Z_4 - Z_3)}{2 \cdot (T_4 - T_3)} \qquad (3.11)$$

$\lambda_M (T)$ = condutividade das barras métricas em função de T;

λM topo $=$ condutividade da barra superior ;

λM bm = Condutividade da barra inferior ;

$\lambda S (T)$ = Condutividade do provete ;

$\lambda S_{(1)} (T)$ = Condutividade do provete ;

$\lambda I (T)$ = Condutividade do isolamento;

$r\Lambda$ – Raio do provete ;

rB = Raio interior do cilindro de guarda;

$Tg (Z)$ = Temperatura de guarda em função da posição.

Onde q é a potência térmica conduzida (W), k é a condutividade térmica (W/m K), A é a área da secção transversal através da qual o calor flui (m^2), e $\Delta T/\Delta x$ é o gradiente de temperatura (K/m) ao longo da distância em que o fluxo de calor é medido. Na abordagem utilizada para este trabalho, a diferença de temperatura ao longo de uma distância fixa e conhecida do substrato foi medida utilizando um microscópio de infravermelhos. Esta medição, em conjunto com a condutividade térmica conhecida do material do substrato e a equação (2), foi utilizada para calcular q; a condutividade térmica do material cerâmico pôde então ser determinada medindo $\Delta T/\Delta x$ ao longo da espessura da cerâmica. A variação observada no coeficiente de expansão térmica foi ainda comparada com resultados experimentais disponíveis na literatura e os resultados experimentais foram também examinados com modelos matemáticos.

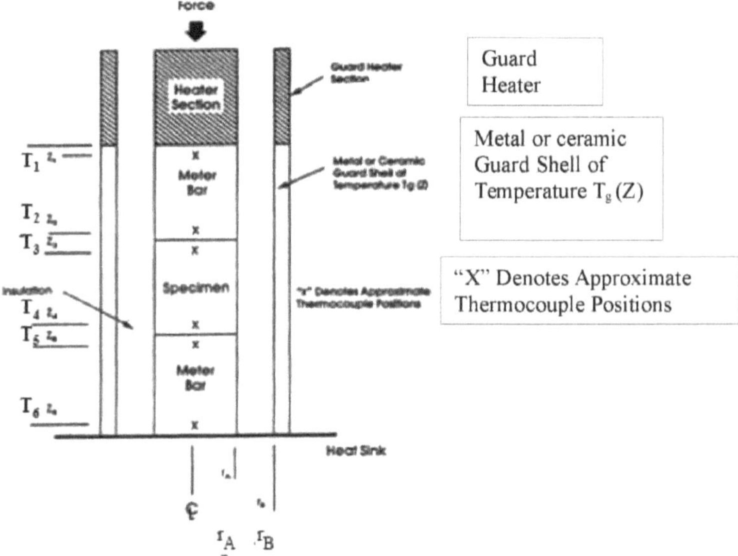

Figura 3.21 Esquema de um sistema de fluxo de calor comparativo - Guarded-Axial (normas ASTM 1999, E 1225, P.437).

4. RESULTADOS E DISCUSSÕES

4.1. Identificação de um promotor de crescimento adequado

A literatura e as patentes disponíveis não revelam o arranjo experimental exato e os dopantes utilizados na oxidação dirigida de ligas de Al, tal como discutido no capítulo 2. A presença de Mg na liga é um requisito para o crescimento de óxido de alumínio a partir de uma liga de Al fundida. Investigámos uma série de combinações possíveis de óxidos que podem ser aplicadas à superfície da liga Al-Mg-Si-Zn para a fazer crescer uma camada espessa de óxido. A superfície exposta do lingote de liga com dimensões de 15 mm × 15 mm × 15 mm foi uniformemente revestida com uma fina camada intermédia (promotor de crescimento), SnO_2, Bi_2O_3, $CaCO_3$, MgO, ZnO, TiO_2, Y_2O_3, (SnO_2+ Bi_2O_3), ou (MgO+ ZnO) e os outros lados da liga foram revestidos com gesso para evitar o crescimento para os lados.

No início, foram experimentadas várias ligas de Al com Mg, Si ou Zn ou combinações dos mesmos. Finalmente, foram efectuadas experiências com a liga Al-9Zn- 8,5Si-1,5Mg. As amostras foram produzidas sem material de enchimento. As amostras foram formadas com SnO_2, Bi_2O_3, $CaCO_3$, MgO, ZnO, TiO_2, Y_2O_3, (SnO_2+ Bi_2O_3), e (MgO+ ZnO) como promotores de crescimento a temperaturas que variam de 950° C a 980° C em atmosfera de O_2. As observações estão registadas na Tabela 4.1.

Tabela 4.1 Resultado das experiências com a liga Al-Mg-Si-Zn com diferentes dopantes de superfície.

Etiqueta	B1	B2	B3	B4	B5	B6	B7	B8	B9
Camada intermédia	SnO_2	Bi_2O_3	$CaCO_3$	MgO	ZnO	TiO_2	Y_2O_3	**0,5 SnO2+** **0,5** Bi_2O_3	MgO+ ZnO
Resultados	Sem crescimento	Sem crescimento	Sem crescimento	Sem crescimento	Sem crescimento	Sem crescimento	Sem crescimento	**O compósito cresce vigorosamente**	Sem crescimento

As amostras foram cortadas em secção longitudinal por uma serra de diamante de baixa velocidade. A Figura 4.1 (a) mostra o lingote de liga de Al com dimensões de 15mm × 15mm × 15mm para a experiência de crescimento. A Figura 4.1 (b) mostra a amostra de liga de Al após oxidação sem carga com (SnO_2 + Bi_2O_3) como promotor de crescimento ou intercamada. A Figura 4.1 (b) mostra que o compósito cresceu na superfície superior da amostra. A secção transversal longitudinal, como mostra a Figura 4.1 (c), tem uma forma oca na parte superior da secção transversal. O exame microscópico eletrónico de varrimento dos espécimes crescidos com (SnO2 + Bi_2O_3) como promotor de crescimento mostrou que o crescimento do óxido ocorreu exclusivamente na superfície exposta do metal, exceto que uma fina escala de óxido também se formou nas superfícies adjacentes à cama de Al2O3, como mostra a Figura 4.2, as caraterísticas macroscópicas dos produtos de reação crescidos a partir da liga de Al a uma temperatura de processo de 950° C a 980° C em atmosfera $de\ O_2$ utilizando o sistema de intercamadas (SnO2 + Bi_2O_3). As diferenças na refletividade da superfície revelam que o material tem um carácter colunar, consistente com a natureza dirigida do processo de crescimento. Os resultados das observações SEM mostram que o Al2O3 se formou. As colunas de Al2O3 no material processado a 950° C a 980° C contêm redes interpenetradas mas totalmente interligadas de Al2O3 e Al. Tipicamente, elas têm vários milímetros de largura e possuem limites indistintos. A Figura 4.3 mostra a observação do mapeamento de linhas EDS que mostra alguns micrómetros de O e elementos disponíveis no metal de base e nos dopantes ($SnO2+ Bi_2O_3$).

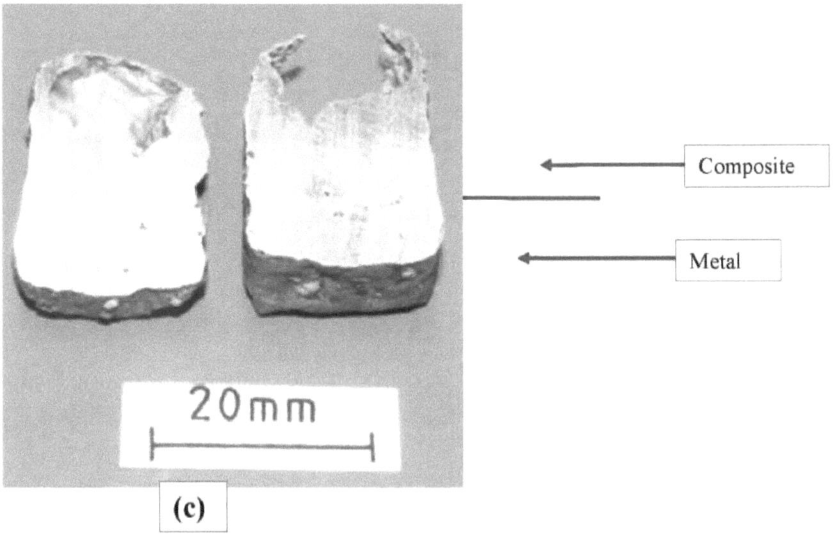

Figura 4.1 Representação esquemática de uma liga de Al crescida com SnO2 + Bi2O3 como promotor de crescimento. (a) Amostra de liga de Al (15mm × 15mm × 15mm) (b) Amostra experimental (c) A secção transversal longitudinal mostra o crescimento.

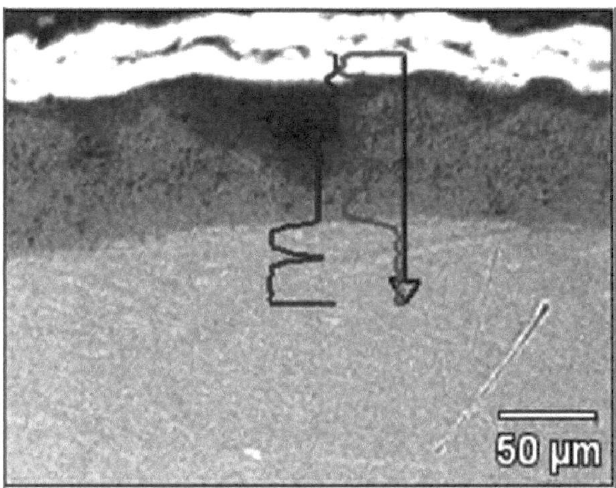

Figura 132.2 Limites de grão representativos entre cristalitos de Al2O3 para uma liga de Al crescida com SnO2 + Bi2O3 como promotor de crescimento.

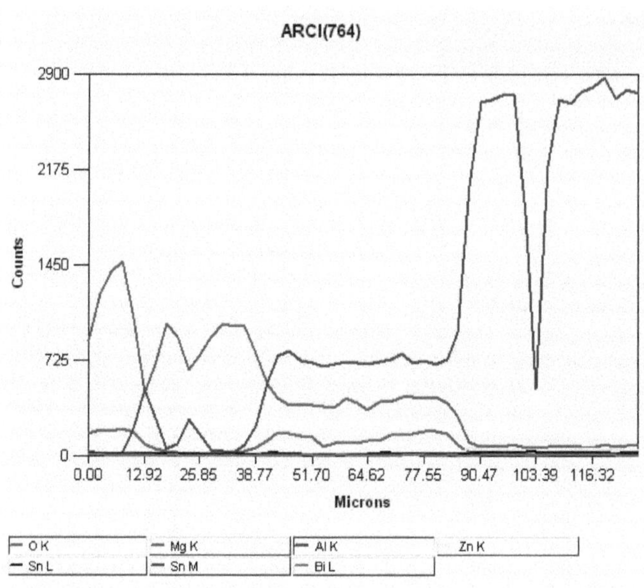

Figura 4.3 Representação do mapeamento de linhas EDS da liga de Al crescida com SnO_2 + Bi2O3 como promotor de crescimento.

São efectuadas experiências semelhantes com diferentes camadas intermédias (dopantes), conforme indicado na Tabela 4.1. A figura 4.4 (a) mostra o lingote de liga de Al com dimensões de 15 mm × 15 mm × 15 mm para a experiência de crescimento utilizando CaCO3 como intercamada em condições semelhantes. A amostra crescida mostrada na figura 4.4 (b) não apresenta qualquer alteração nas dimensões e mantém as dimensões originais da amostra. A figura 4.4 (c) mostra uma secção transversal longitudinal de uma amostra crescida e utilizando CaCO3 como intercalar em condições semelhantes. As observações microscópicas com CaCO3 como promotor de crescimento ou intercamada não encontram qualquer teor de Al2O3 na superfície do metal crescido, como mostram as Figuras 4.5 e 4.6.

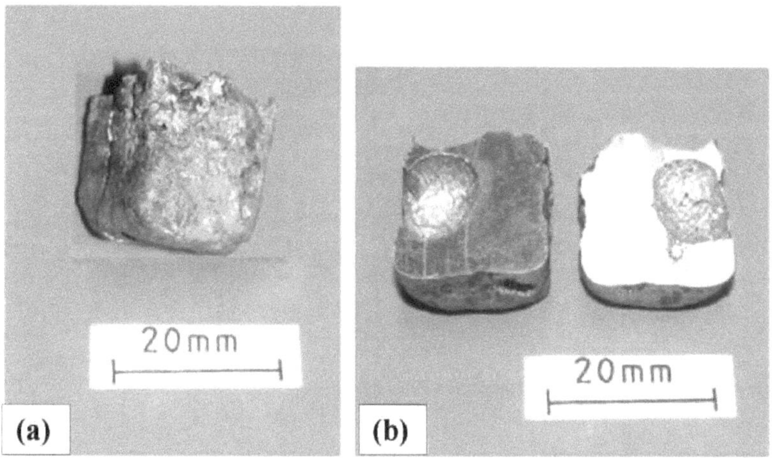

Figura 4.4 Representação esquemática de uma liga de Al crescida com CaCO3 como promotor de crescimento. (a) Amostra experimental (b) A secção transversal longitudinal mostra o crescimento.

Figura 4.5 Representação SEM da liga de Al crescida com CaCO3 como promotor.

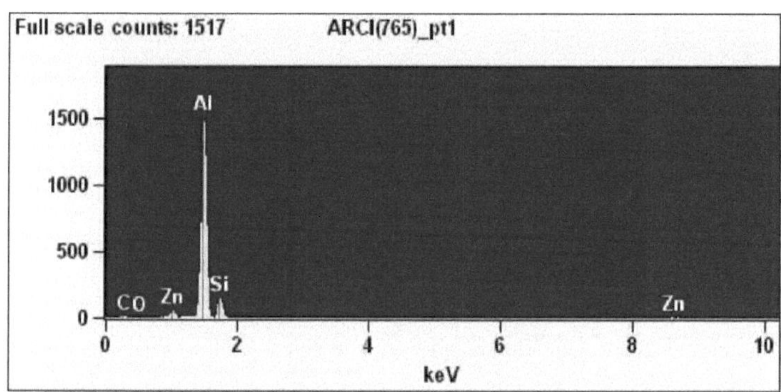

Figura 4.6 Representação do mapeamento de linhas EDS da liga Al-Mg-Si-Zn crescida com CaCO3 como intercamada.

Resultados semelhantes são encontrados noutras experiências realizadas com outras camadas intermédias (dopantes), como se mostra na Tabela 4.1. A figura 4.7 (a) mostra o lingote de liga de Al com dimensões de 15 mm × 15 mm × 15 mm para a experiência de crescimento utilizando Bi2O3 como intercamada em condições semelhantes. A amostra crescida mostrada na figura 4.7 (b) não apresenta qualquer alteração nas dimensões e mantém as dimensões originais da amostra. A Figura 4.8 mostra que as observações microscópicas não detectam qualquer teor de Al2O3 no caso do Bi2O3 como intercamada, como mostra a Figura 4.9. As experiências acima referidas e as observações microscópicas electrónicas de varrimento revelam que a conversão vigorosa de metal em óxido foi observada no caso de (SnO2 + Bi2O3) como promotor de crescimento/intercamada e que a conversão de metal em óxido não foi observada noutros promotores de crescimento/intercamadas.

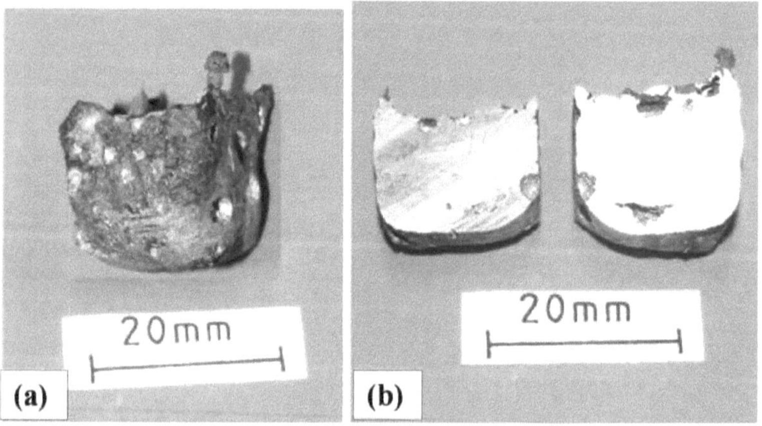

Figura 4.7 Representação esquemática de uma liga de Al crescida com Bi2O3 como promotor (a) Amostra experimental (b) A secção transversal longitudinal mostra o crescimento.

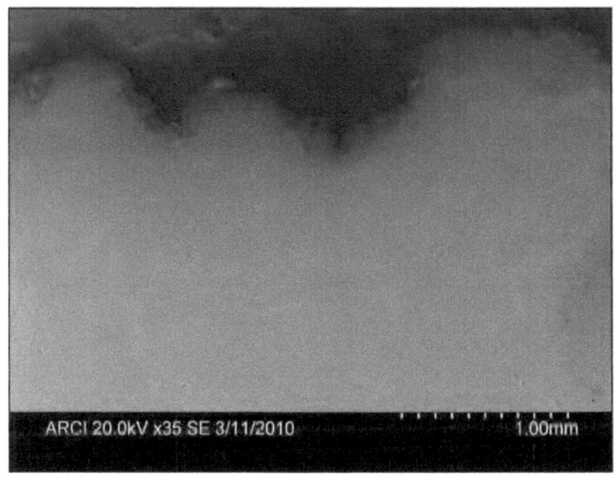

Figura 4.8 Representação SEM da liga de Al crescida com Bi2O3 como promotor

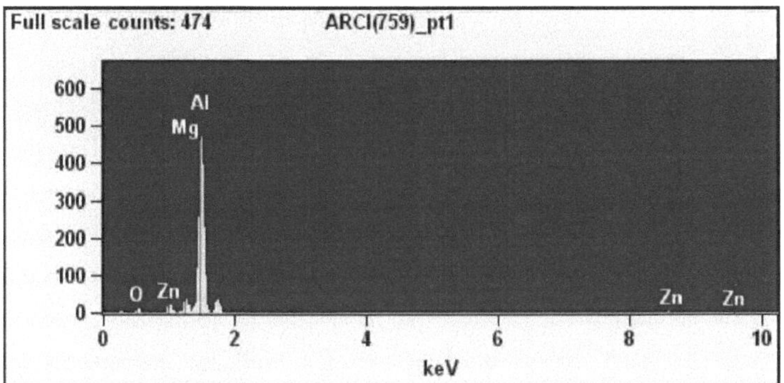

Figura 4.9 Representação do mapeamento de linhas EDS da liga de Al crescida com Bi2O3 como promotor de crescimento

Assim, o composto (SnO2 + $_{Bi2O3}$) pode ser utilizado como promotor de crescimento/interlayer (dopantes) para o fabrico de compósitos de matriz cerâmica Al2O3 com reforço de partículas de SiC a granel.

Os pormenores do processo são apresentados para o exemplo específico da oxidação de Al fundido no ar para formar $_{Al2O3}$. Neste caso, as experiências foram realizadas com diferentes dopantes de superfície, nomeadamente, $_{SnO2}$, $_{Bi2O3}$, $_{CaCO3}$, MgO, ZnO, $_{TiO2}$, $_{Y2O3}$, (SnO2+ $_{Bi2O3}$) e (MgO+

ZnO). Observou-se que a oxidação do metal em óxido só era possível com (SnO2+ $_{Bi2O3}$). Os outros dopantes provocam um crescimento muito reduzido de óxido a partir do metal fundido. Assim, o dopante (SnO2+ $_{Bi2O3}$) foi utilizado como promotor de crescimento para o fabrico de compósitos de matriz cerâmica a granel.

4.2. Análise de fase e microestrutura dos compósitos de matriz cerâmica SiCp/Al2O3

Os compósitos de matriz cerâmica SiCp/Al2O3 foram preparados pelo processo de oxidação dirigida de metais. Para compreender o comportamento de várias propriedades físicas e mecânicas do compósito de matriz cerâmica SiCp/Al2O3, é necessário identificar as fases presentes no compósito que se desenvolveram como resultado do programa de processamento empregue no presente trabalho. Ao mesmo tempo, também é essencial garantir que o compósito não tenha desenvolvido fases que sejam prejudiciais ao desempenho do material ou que dificultem a compreensão de tal sistema compósito. Este capítulo trata da caraterização do compósito quanto à composição das fases, à microestrutura e a várias propriedades mecânicas e físicas.

4.2.1. Análise de difração de raios X (XRD)

A análise de difração de raios X foi realizada em amostras de pó do compósito SiCp/Al2O3 e foi indexada de acordo com os padrões de difração de pó padrão. Um padrão de difração indexado do compósito SiCp/Al2O3 é mostrado na Figura 4.10. As fases extra formadas durante o processamento foram identificadas com a ajuda do software, PCPDFWIN Versão 2.02 do ICDD (Conselho Internacional de Dados de Difração). Uma pequena parte do compósito de cada fração de volume foi montada e polida com abrasivos de diamante, de acordo com as técnicas metalográficas padrão, para obter superfícies altamente reflectoras para microscopia ótica e eletrónica. A incorporação do material de enchimento SiC na matriz cerâmica produz um refinamento da matriz; isto é, tanto o ligamento cerâmico como o tamanho do canal metálico diminuíram. A distribuição das partículas de SiC é bastante uniforme e a fração volumétrica é essencialmente a mesma que a da pré-forma de SiC solta antes do processamento do compósito.

Após o processamento, não houve qualquer reação aparente entre a liga de Al e o pó de SiC. A análise de XRD para o material como fabricado, triturado em pó, mostra apenas picos para os metais Al2O3, SiC, Al, ZnO e Si, como pode ser visto na Figura 4.10, que é o gráfico para o compósito fabricado a 950° C usando uma liga Al-Mg-Si-Zn. As micrografias representativas foram obtidas por um microscópio ótico Leitz acoplado a um sistema de aquisição digital. As seguintes observações foram feitas após a análise preliminar da composição das fases utilizando o padrão de difração de raios X mostrado na Figura 4.10. Verificou-se que o pó de carboneto de silício utilizado no presente trabalho é uma combinação de fases hexagonal (α) e cúbica (β). Pode ser encontrada uma forte presença de Al2O3 juntamente com o equivalente metálico (Al). Isto indica que, apesar do crescimento notável de Al2O3, a fase metálica continua a existir como uma parte intrínseca num processo de oxidação de metal dirigido, que serve como um sinal para uma maior resistência à fratura. O padrão mostra também a reflexão de um dos principais elementos de liga, a contribuição para estas reflexões pode também ser devida à formação de Si precipitado como resultado da reação entre o Al fundido e o SiO_2 amorfo desenvolvido na superfície das partículas.

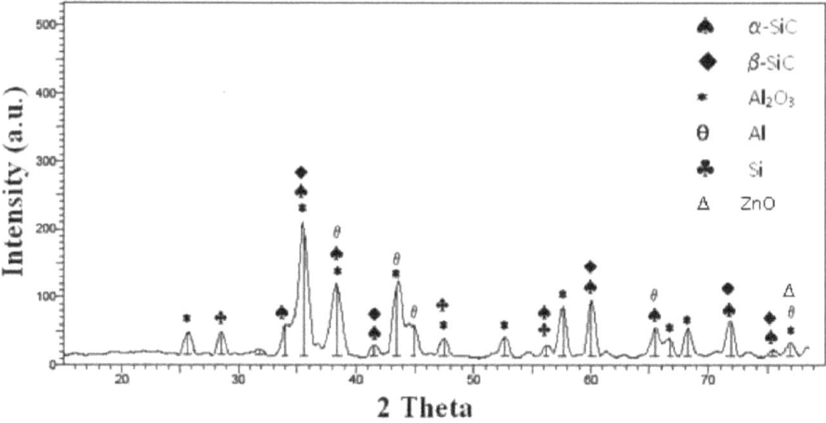

Figura 4.10 Padrão de difração de raios X do compósito de matriz cerâmica $SiCp/Al_2O_3$

No presente contexto, a probabilidade de a reação acima referida precipitar o Si do SiO_2 e formar Al_2O_3 não é favorável, uma vez que o Al fundido é mantido sob uma atmosfera altamente oxidante. Além disso, é digno de nota que a reflexão do outro elemento de liga importante, o Zn, está totalmente ausente, pelo menos dentro dos limites de deteção da técnica de difração de raios X. A observação é semelhante no caso do Mg (~ 1-5 wt. %), cuja razão pode ser qualquer uma ou todas as seguintes. (i) Baixo ponto de fusão, (ii) alta pressão de vapor, (iii) alta afinidade à oxidação e (iv) duração prolongada do processo de tratamento térmico [103]. A ausência de Al_4C_3 também é importante porque o composto é muito instável na presença de humidade e forma acetileno. Isto pode ser altamente prejudicial, afectando a vida científica dos compósitos.

Verificou-se que o compósito contém uma fase extra que foi identificada como ZnO. Outras fases possíveis, como $ZnAl_2O_4$, estavam totalmente ausentes. Esta observação pode ser apoiada por um trabalho anterior de A.S. Nagelberg [31], no contexto da utilização de uma liga de Al contendo Zn para a formação de uma matriz de Al_2O_3. Também foi relatado que os canais metálicos eram mais finos (1-3 μm) no caso da liga de Al contendo Zn quando comparados com as ligas de Al contendo Mg (3-8 μm). Esta caraterística de canais estreitos de metal é indicativa de uma oxidação efectiva que resulta num teor de metal mais baixo. Uma caraterização microestrutural detalhada dos compósitos forneceria mais informações sobre os canais metálicos. Os resultados da microscopia ótica são apresentados e discutidos em pormenor na secção seguinte. Os padrões de difração correspondentes ao material de partida são também apresentados nas Figuras 4.11 e 4.12.

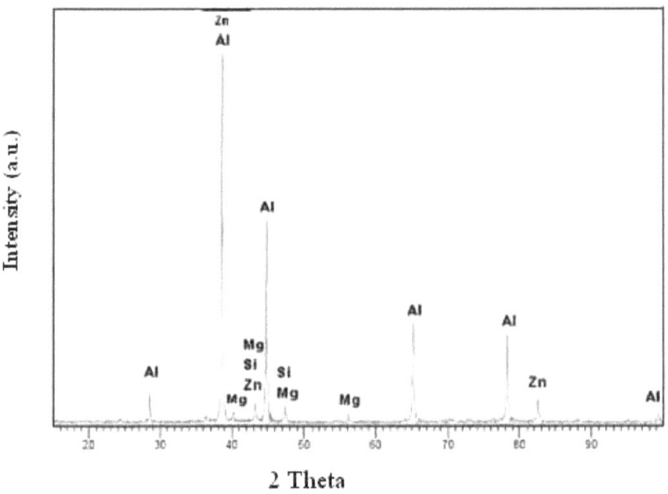

Figura 4.11 Padrão de difração de raios X da liga Al-Si-Mg -Zn

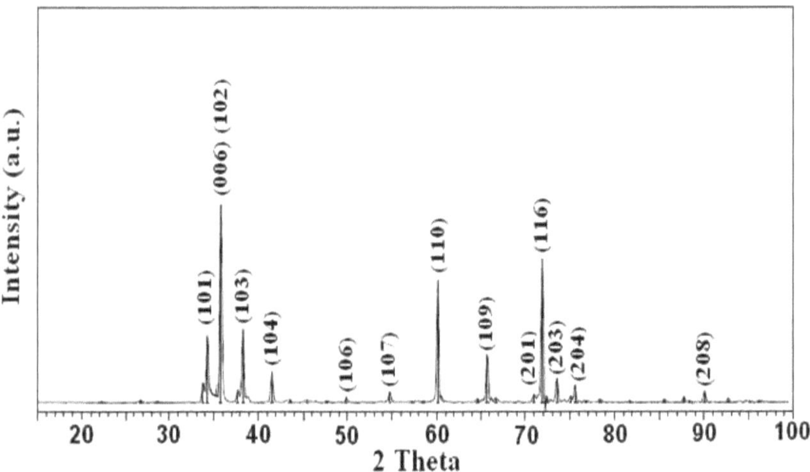

Figura 4.12 Padrão de difração de raios X do pó de SiC

4.2.2. Microscopia ótica e análise de imagens

Para realizar estudos detalhados da composição das fases com base na microscopia eletrónica, é necessário obter uma imagem clara da distribuição das várias fases presentes no compósito. Uma estimativa aproximada do número de fases presentes no compósito pode ser obtida a partir de estudos de microscopia ótica. Uma secção representativa de cada compósito foi polida e observada num microscópio de luz reflectida. Os resultados da microscopia ótica realizada em secções polidas de compósitos SiCp/Al2O3 são mostrados na Figura 4.13. O compósito contém três fases diferentes, nomeadamente SiC, matriz: Al2O3 e fase metálica. Pode observar-se na figura que a oxidação metálica dirigida da liga de Al em pré-formas de pó solto de SiC resultou numa microestrutura quase homogénea. As caraterísticas morfológicas das partículas de SiC variam de quase equiaxiais a moderadamente aciculares. No entanto, a distribuição aleatória das partículas de SiC que prevalece nas pré-formas de pó solto não deixa margem para níveis significativos de anisotropia. A fase matriz de Al2O3 está em boa adesão com as partículas de SiC. A fase metálica que serve de reservatório para o crescimento da matriz de Al2O3 pode ser encontrada incorporada na matriz cerâmica.

O teor global de metal residual no compósito infiltrado é bastante baixo devido à temperatura de oxidação mais elevada que foi empregue. A formação do compósito SiC/Al2O3 é uniforme em toda a amostra, mas o tamanho do canal metálico variou de 2 a 5 micros (Figura 4.13d). No entanto, com uma ampliação maior, são observadas algumas variações locais na microestrutura. Em muitas áreas, foi observada a nucleação de cristais de Al2O3 adjacentes às partículas de SiC (Figura 4.13). Além disso, nalguns locais, notou-se um excesso de metal longe das partículas de SiC. Embora não se tenha observado Mg, é visível uma fina dispersão de partículas de silício na microestrutura (Figura 4.13). Além disso, as porosidades (micro e macro) também estão presentes nos compósitos. As variações observadas nas caraterísticas da microestrutura estão resumidas na Tabela 4.2.

As observações no crescimento microestrutural podem ser explicadas considerando as seguintes reacções. Durante a sinterização da pré-forma, as partículas de SiC oxidam para formar uma camada passiva de sílica na superfície, (2SiC + 3O2 →2 SiO2 + 2CO). Durante a infiltração, o Al presente na liga líquida reage com a camada de sílica e, como resultado, a alumina e a sílica são formadas através de uma reação de redução deslocada (4Al+3SiO2 →2Al2O3+3Si). O silício assim formado é transportado pelas correntes convencionais da liga líquida e distribui-se uniformemente pela matriz. Ocasionalmente, também é visto em torno das partículas de SiC. No caso de ligas com elevado teor de silício, a infiltração é afetada devido à acumulação significativa de partículas de silício nos canais capilares dos cristais colunares de Al2O3 [104]. Assim, para a infiltração, recomendam-se ligas com baixo teor de silício.

O Al2O3 formado na reação de deslocamento acima referida nucleia na superfície das partículas de SiC e o crescimento destas continua, até ser interrompido por outros cristais de Al2O3. As caraterísticas microestruturais representadas na Figura 4.13 corroboram as observações anteriores. Além disso, a temperaturas mais elevadas, os átomos de soluto (Mg), enquanto se difundem na forma de vapor, oxidam e depositam-se na superfície das partículas. Estes óxidos sofrem reacções de redução semelhantes às da sílica e os cristais de Al2O3 resultantes nucleiam (designados por nucleação secundária) na superfície das partículas de SiC [103]. Além disso, o crescimento destes cristais de Al2O3 recém-formados compete com outras frentes de crescimento na liga líquida remanescente; dependendo das condições locais de crescimento, é possível uma variação no teor de metal residual. Embora a orientação física dos cristais secundários de Al2O3 seja diferente, acredita-se que a orientação cristalográfica de crescimento permaneça a mesma que a dos cristais primários, com o eixo da célula hexagonal paralelo à direção de crescimento [103].

Uma distribuição homogénea de partículas de carboneto de silício pode ser observada a partir das micrografias capturadas em diferentes ampliações. A microestrutura também mostra a presença de fases extra, para além da matriz e do reforço. A microestrutura do compósito em ampliações mais elevadas revelou a presença de fases extra, de acordo com as diferenças de contraste. A Figura 4.13 mostra micrografias em que só foi possível identificar uma fase extra importante, que se descobriu ser o Si como fase hipoeutéctica. Observa-se frequentemente que o Si está localizado na interface entre a partícula e a matriz

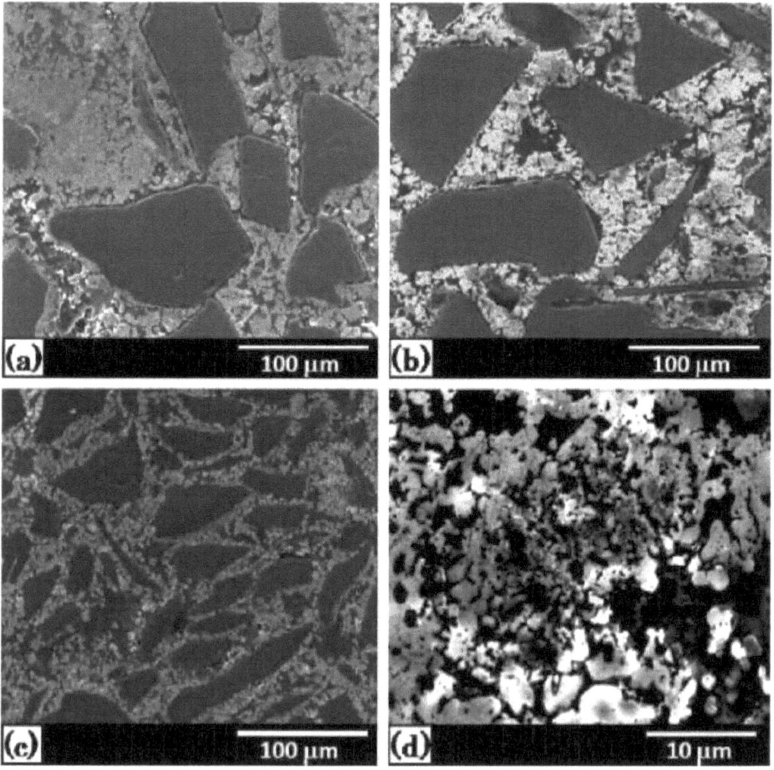

Figura 132.13 Microestruturas típicas de compósitos de matriz cerâmica SiCp/Al2O3 mostrando uma distribuição quase homogénea das partículas de SiC em diferentes fracções de volume (a) 0,35

(b) 0,40 (c) 0,43 e (d) compósito de Al2O3 formado pelo crescimento dirigido no ar, sem carga.

A fase metálica que serve de reservatório para o crescimento da matriz de Al2O3 pode ser encontrada incorporada na matriz cerâmica. Os resultados da análise de imagem por Bio-Vis materials Plus são apresentados na Tabela. 4.2.

Tabela. 4.2 Resultados da análise de imagens em compósitos SiCp/Al2O3

Etiqueta.	Fração volumétrica de SiC	SiC	Al2O3	Liga de Al
B1	0.35	35.31	48.16	4.92
B2	0.40	41.52	44.23	2.86
B3	0.43	44.23	42.65	3.50

Neste contexto, vale a pena recordar alguns dos trabalhos anteriores baseados no processo DIMOX. Aghajanian *et al.* [82] relataram o crescimento e as caraterísticas microestruturais de compósitos Al2O3/Al utilizando o processo de oxidação dirigida de metais. O trabalho acima mencionado relatou condições de processo de temperaturas variando de 1127 a 1327° C, o que resultou em variação do teor de metal de 22 a 16% e porosidade de 4 a 3% para a temperatura de 1123 a 1323° C. Posteriormente, Pickard *et al.* [30] relataram compósitos de SiC/Al2O3 utilizando o processo DIMOX nas seguintes condições, nomeadamente a gama de temperaturas de 950 a 1100° C, que é mais baixa e mais estreita do que a utilizada por Aghajanian *et al.* No entanto, este refinamento resultou num aumento do nível de porosidade entre 10 e 15% e, subsequentemente, num canal metálico mais estreito com larguras de 1 a 2 µm [82].

Outro trabalho de Nagelberg *et al.* [31], demonstrou a oxidação completa de uma liga de Al complexa para formar uma matriz de Al2O3. Uma ampla gama de temperaturas de 90° C 0 a 1200 durante um tempo de forno de 1 a 3 dias, resultou num teor de metal de 13% e numa largura de canal de metal de 3 a 8 µm e de 1 a 3 µm ao utilizar ligas de Al contendo Mg e Zn, respetivamente. Por outro lado, Murthy e Deepak [49] relataram a fabricação de compósitos de Al2O3 reforçados com SiC de 50 a 55 vol. por DIMOX. Uma temperatura de 1050° C durante 2 dias resultou num teor de metal de 6 a 8%, porosidade de 4 a 5% e largura do canal de metal de 2 a 5 µm. No entanto, no presente trabalho, observou-se que o DIMOX podia ser reproduzido a uma gama de temperaturas mais baixa e mais estreita de 950 a 980° C e que a duração de 65 horas era suficiente para obter um compósito cerâmico Al2O3/SiC completamente infiltrado com as seguintes caraterísticas. Observou-se que o teor máximo de metal era de aproximadamente 5 % e que os canais de metal tinham 1 a 3 µm de largura. Isto mostra claramente que, utilizando as actuais condições de processamento, é possível aumentar o teor de metal através de uma duração adequada do tempo de forno e obter um compósito metal-cerâmica dúctil com maior tenacidade. Assim, pode dizer-se que as condições de processamento empregues no presente trabalho asseguram a obtenção de compósitos de SiCp/Al2O3 pelo processo DIMOX. As medições da fração volumétrica foram realizadas diretamente nas micrografias ópticas dos compósitos SiCp/Al2O3 utilizando um software de análise de imagem. Os resultados da fração fase/volume obtidos por análise de imagem são apresentados na Tabela 4.3, comparados com os determinados manualmente a partir de medições de volume absoluto e aparente das pré-formas.

Tabela 4.3 Medições da fração volumétrica por análise de imagem das microestruturas

| A | Método manual | | Análise de imagens | |
Etiqueta	Fração de volume	Desvio da média (%)	Fração de volume	Desvio da média (%)
B1	0.35	5	0.33	10
B2	0.40	4	0.38	8
B3	0.43	3	0.40	8

Foi observado um desvio de 2 a 5 % nas medições da fração de volume pelo método manual. Verificou-se que os métodos de análise de imagem utilizados na determinação da fração de fase/volume apresentavam um maior desvio em comparação com os métodos manuais. As fracções volumétricas de SiC nas pré-formas medidas por métodos manuais foram consideradas fiáveis, com menor desvio em relação à média, pelo que foram consideradas para representar os compósitos de SiCp/Al2O3 preparados no presente trabalho. Os espécimes preparados para microscopia foram posteriormente examinados utilizando microscópios electrónicos para uma análise detalhada da composição das fases.

4.2.3. Microscopia eletrónica de varrimento (SEM)

Tendo em conta as limitações da difração de raios X, é necessário recorrer a técnicas mais precisas, como a microscopia eletrónica. Foram realizados estudos de microscopia eletrónica nos compósitos preparados através do processo de oxidação dirigida de metais. Foi possível observar claramente outras fases para além da matriz e do reforço com a ajuda da alta resolução oferecida por um microscópio eletrónico. A imagem eletrónica retrodispersa de um compósito de matriz cerâmica SiCp/Al2O3 é mostrada na Figura 4.14. As análises de raios X (Espectroscopia de Energia Dispersiva - EDS) foram efectuadas em diferentes locais dos espécimes para obter a composição das fases. Os resultados da análise da composição da fase da matriz são apresentados na Figura 4.15, que mostra todos os elementos presentes na liga utilizada na experiência. Pode recordar-se que não foi detectado Zn elementar no padrão de difração de raios X. Sugerindo que o Zn no compósito está presente numa forma composta em pequenas quantidades.

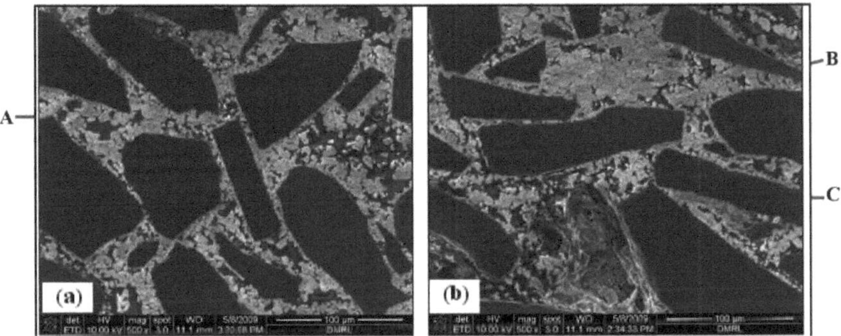

Figura: 4.14. Imagem SEM do compósito de matriz cerâmica Al2O3/SiCp, (a) mostra (A) fase matriz (b) mostra [B] interface matriz partícula, [C] material de interface adicional.

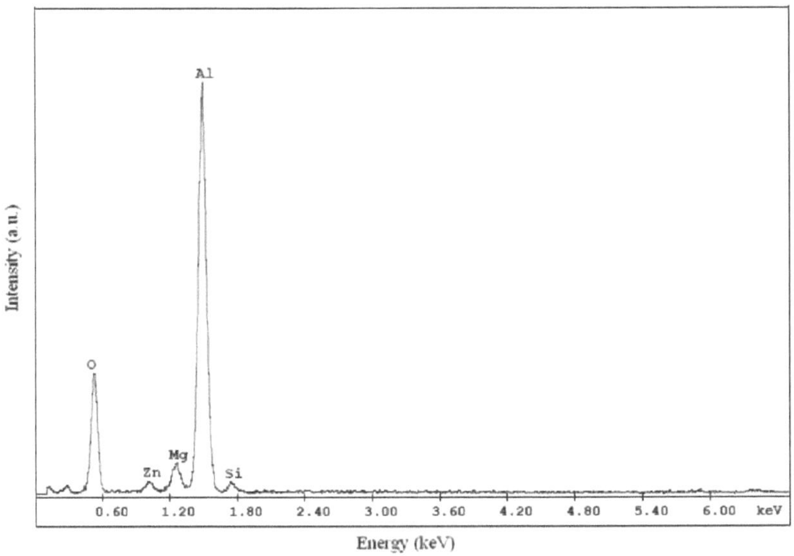

Figura: 4.15. EDS da fase matriz [A] do compósito SiCp/Al2O3

As interfaces partícula-matriz, como se pode ver na imagem de electrões retrodispersos, como se mostra na Figura 4.14, são claras, com pouca ou nenhuma inomogeneidade. A interface clara foi analisada por espetroscopia de energia dispersiva e o resultado é apresentado na Figura 4.16. Verificou-se que a interface é constituída por elementos Al, O, Mg e Si. Isto sugere que o metal fundido reagiu com a sílica na superfície do carboneto de silício, como mostra a equação seguinte

69

$$2SiC + 3O_2 \rightarrow 2SiO_2 + 2CO \uparrow$$

$$4(Al) + 3SiO_2 \rightarrow 2\,Al_2O_3 + 3(Si)$$

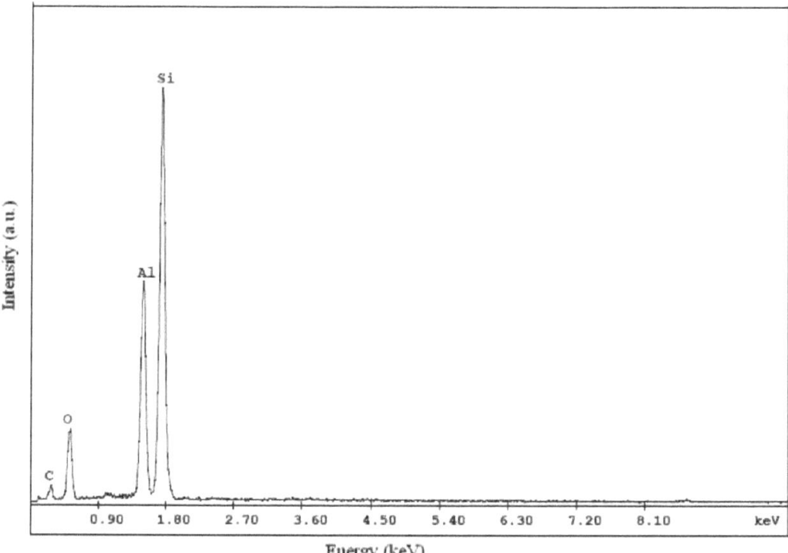

Figura: 4.16. EDS da interface partícula-matriz [B] do compósito SiCp/Al2O3

É provável que a interface entre a partícula e a matriz seja constituída por produtos da reação entre o SiO2 e o Al. Estas observações reforçariam os resultados obtidos na análise de difração de raios X.

A microestrutura mostra a presença de outro material de interface que se distingue pelo contraste. Esta interface adicional pode ser observada como uma fase escura na microestrutura ao longo do limite da partícula, como se vê na Figura 4.14. Os resultados da Análise Dispersiva de Energia (Energy Dispersive Analysis -EDS) efectuada no material da interface adicional são apresentados na Figura 4. 17. A análise do material da interface adicional mostra que este é composto por O, C, Al, Mg e Si. A fase é razoavelmente rica em Si.

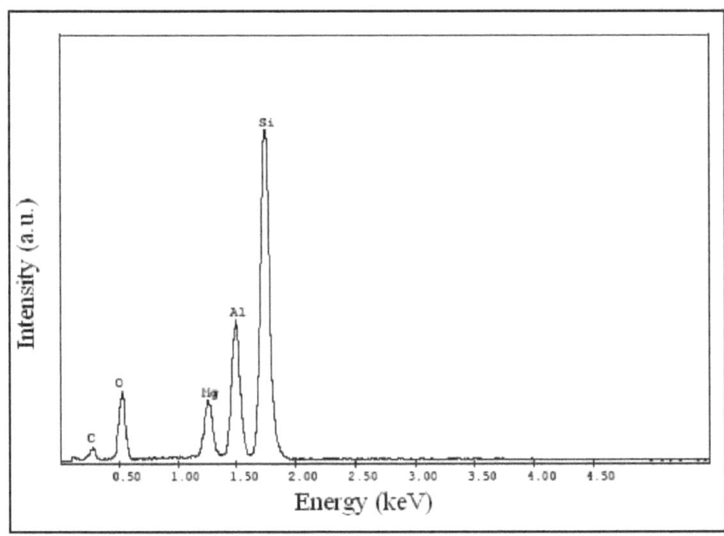

Figura: 4.17 EDS do material adicional da interface [C] do compósito SiCp/Al2O3.

A espetroscopia de energia dispersiva da fase brilhante na porção da matriz indica que a região é rica em Al e Si. No entanto, também foi observado que a fase brilhante contém quantidades vestigiais de Bi e Sn, o espetro correspondente é mostrado na Figura 4.18.

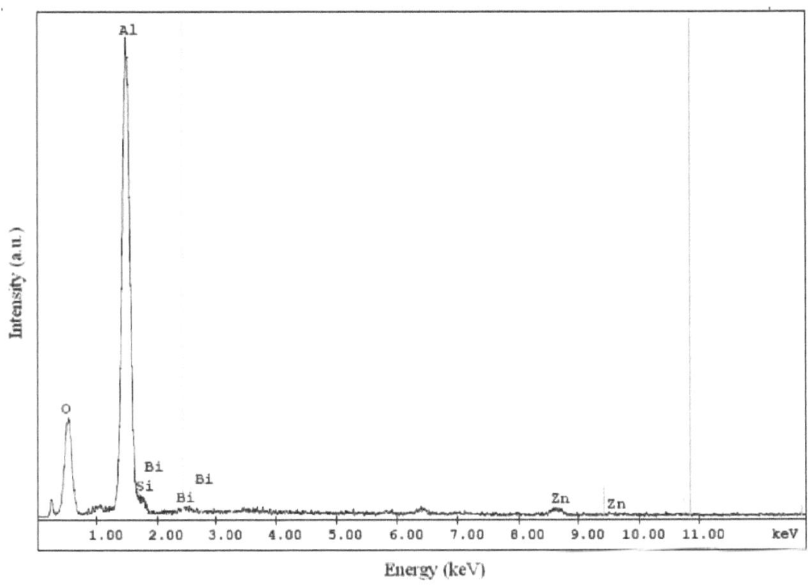

Figura: 4.18. EDS da fase brilhante [D] no compósito SiCp/Al2O3

71

As caraterísticas da superfície de crescimento de matrizes de Al2O3 crescidas a partir de ligas Al-Si-Mg-Zn foram relatadas [31]. A superfície externa de crescimento da matriz cerâmica crescida a partir de uma liga Al-Si-Mg-Zn foi usada para formar a matriz composta; a superfície externa do composto foi convertida por uma fina camada de ZnO [31]. Não foi observado ZnAl2O4. Para estes compósitos, a fina camada metálica que separa a película de ZnO do Al2O3 interligado era significativamente mais fina e a sua completa continuidade era mais difícil de determinar. Estes compósitos contêm tipicamente uma microestrutura refinada com canais de 1 a 3 micrómetros de largura. A taxa de crescimento da matriz cerâmica da liga comercial complexa Al-Si-Mg-Zn apresentou uma energia de ativação mais baixa para temperaturas entre 1050° C e 1200° C. Esta energia de ativação mais baixa foi associada a um processo de precipitação por dissolução controlado pela taxa de transporte de oxigénio através da camada superficial de ZnO nestes compósitos. Esta energia de ativação é consistente com a da oxidação do Zn, onde se acredita que ocorrem processos semelhantes numa camada de ZnO exposta a um gradiente acentuado de O_2. A temperatura de crescimento também afecta a microestrutura da matriz, com temperaturas de crescimento mais elevadas a aumentar o teor de cerâmica e a refinar ligeiramente a microestrutura.

Num estudo anterior relatado por Nagelberg [42], observou-se que a taxa de crescimento de uma liga Al-Si-Mg num leito solto de Al2O3 fundido (90 grit Norton E38) era profundamente afetada pela pressão parcial de oxigénio e pela temperatura. Em 100% de O_2, a taxa de crescimento aumentou rapidamente até um valor máximo e diminuiu à medida que o crescimento da matriz avançava através do leito de enchimento. Por outro lado, a baixos teores de O_2, com N2 ou Ar como diluente, a taxa de crescimento da matriz aumentou à medida que a infiltração da matriz prosseguia. Nagelberg [42] associou estes efeitos a um compromisso entre a humidificação das partículas de carga e o aumento da capacidade de fornecer O_2 à frente de crescimento à medida que a infiltração da matriz prossegue.

A nucleação de Al2O3 nas partículas da pré-forma pode resultar da reação do Al na massa fundida com a camada de SiO2 tipicamente presente no SiC, especialmente após uma longa exposição da pré-forma ao ar a alta temperatura, ou seja

$$2SiC + 3O_2 \rightarrow 2SiO_2 + 2CO \uparrow$$

$$4(Al) + 3SiO_2 \rightarrow 2\,Al_2O_3 + 3(Si)$$

No presente trabalho, foram realizados estudos de microscopia eletrónica nos compósitos preparados através do processo de oxidação dirigida de metais. As fases extra, para além da matriz e do reforço, podem ser observadas claramente com a ajuda da alta resolução oferecida por um microscópio eletrónico, ao contrário de um microscópio ótico. Uma imagem de electrões retrodispersos de um compósito de matriz cerâmica SiCp/Al2O3 é mostrada na Figura 4.16. No entanto, também se observou que a fase brilhante contém vestígios de Bi e Fe. O espetro correspondente é mostrado na Figura 4.18. O elemento primariamente responsável pela taxa de crescimento atractiva é o Zn, que tem uma grande solubilidade em Al a alta temperatura e pode ser usado vantajosamente para beneficiar as caraterísticas de deformação do Al residual. Com a notável exceção do Mg, não há evidências de que qualquer uma das outras adições desempenhe um papel crítico no crescimento do compósito, o Si é provavelmente mais importante para evitar a interação com a pré-forma de SiC, como referido acima, mas as elevadas concentrações a altas temperaturas mostraram que a liga simplificada contendo Zn, Mg e Si pode de facto crescer de forma semelhante à de Nagelberg [31]. Por exemplo, um Al-Zn-Si-Mg oxidado a 950° C para 980 no ar produziu um compósito com canais de 1-2 µm a uma taxa de crescimento média de ~0,25 mm/hora.

Nestes compósitos, observaram-se dois tipos de porosidade, designados por micro e macroporosidade. Os microporos são vazios dentro da rede metálica claramente delineados pela fase de óxido, como se mostra na Figura 4.19 (a) e (b). Têm origem principalmente na contração da solidificação e estão tipicamente associados ao último constituinte metálico a evoluir a partir da fusão. De facto, a liga líquida não pode ser facilmente alimentada para as últimas regiões de solidificação, devido ao bloqueio dos microcanais pelas fases primárias.

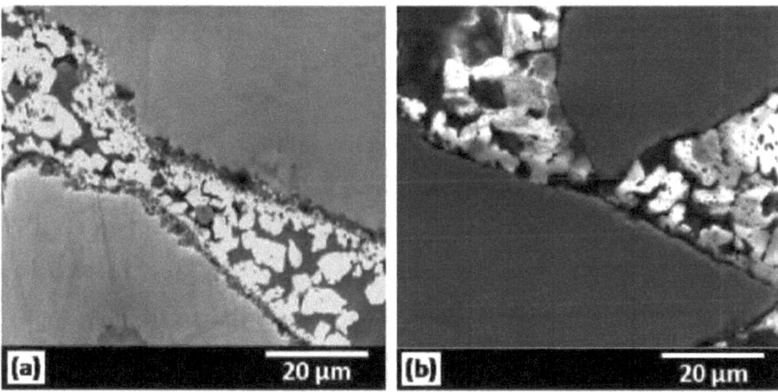

Figura: 4.19. Imagem de Espectroscopia de Dispersão Eletrónica que dá uma ideia do grau de ligação interfacial entre as partículas de SiC e a matriz de Al2O3 do compósito de matriz cerâmica SiCp/Al2O3

Os macroporos são cavidades desprovidas de metal e cerâmica numa escala muito maior do que o espaçamento dos microcanais, por exemplo, Figura 4.19. Encontram-se na maioria dos compósitos, com ou sem pré-formas. A sua origem está provavelmente associada à propagação da frente de oxidação, invadindo o espaço dentro da pré-forma, como se pode ver claramente na Figura 4.18. Inicialmente, estes vazios estão interligados, permitindo o transporte de gás a partir da superfície exterior para manter o processo de oxidação e preenchendo gradualmente o espaço. No entanto, pode-se facilmente visualizar a frente de crescimento em expansão a bloquear ocasionalmente o acesso do gás a uma cavidade e, consequentemente, a travar localmente o crescimento do compósito e a criar um macroporo.

A principal vantagem do processo de Oxidação Dirigida de Metais é a sua capacidade de formar um compósito relativamente complexo e totalmente denso em forma de rede. A partir das micrografias que mostram a microestrutura de diferentes compósitos, é evidente que os compósitos são totalmente densos e contêm apenas pequenas quantidades de porosidade. O controlo da porosidade e da sua escala é obviamente importante para a integridade e as propriedades do produto final. É improvável que a microporosidade possa ser totalmente eliminada devido à dificuldade inerente de alimentar a retração de solidificação através da rede tortuosa de microcanais. A eliminação da macroporosidade também é difícil e pode envolver o controlo da temperatura de processamento e da dimensão das partículas da pré-forma. Uma possível abordagem para reduzir o efeito dos macroporos envolve uma manutenção isotérmica entre a temperatura de oxidação e o liquidus da liga, em que o metal adicional do reservatório poderia ser lentamente alimentado por capilaridade para os poros maiores desenvolvidos durante o crescimento.

Salas *et al.* [44] concluíram que o Si diminui a atividade do Mg na fusão e deve promover a dissolução do espinélio, produzindo tempos de incubação mais curtos para as ligas Al-Si-Mg. Scamans *et al.* [48], sugeriram que a adição de Zn ao Al retarda a nucleação de cristais de y-Al2O3 e promove a formação de poros no óxido. Indicaram também que a expansão da rede γ-Al2O3 pode ser devida à inclusão de iões Zn e à formação de ZnAl2O4.

A investigação do crescimento de uma liga Al-Mg-Si-Zn-Fe-Cu por Nagelberg *et al.* [31], revelou a presença de uma fina camada de ZnO na superfície. O crescimento do compósito neste caso foi atribuído à difusão de iões através da camada externa de ZnO. Uma investigação recente sobre este processo [105] refere que, embora o Mg seja essencial para o crescimento acelerado dos compósitos, a presença de Si ajuda a iniciar o processo. Observações semelhantes são reveladas no presente trabalho.

Salas *et al.* [44], sugerem que a camada superficial de MgO em ligas à base de Al-Mg pode resultar da des-mistura catiónica do espinélio termodinamicamente estável e, posteriormente, persistir em equilíbrio metaestável com a liga líquida, impedindo assim a formação de Al2O3 na superfície. No entanto, também indicam que a pressão de vapor do Mg pode ser responsável pela presença contínua de MgO na superfície. A presença do espinélio termodinamicamente estável impede a formação do óxido de Al passivante na superfície. Por outro lado, o papel do Zn é menos claro, na medida em que é relatado como inativo sem a presença simultânea de Mg, mas também leva à formação de camadas superficiais de um óxido termodinamicamente instável.

Manor *et al* argumentaram que a espessura da interface de oxidação alargada diminui com o tamanho das partículas, uma vez que os espaços interpartículas por detrás da frente de crescimento se tornam mais pequenos e podem ser preenchidos num período de tempo mais curto pelo compósito que cresce a partir das superfícies das partículas. Assim, o volume associado à interface alargada diminui com o tamanho da partícula, contrariando parcialmente o aumento da área de superfície por unidade de volume. Além disso, os efeitos do tamanho das partículas diminuem com o aumento do tempo, presumivelmente porque o processo de oxidação passa a ser controlado pelo transporte de metal para a frente de reação [86]. No entanto, as nossas observações experimentais revelaram que a taxa de crescimento aumenta com o aumento do tamanho das partículas.

4.3. Propriedades físicas de compósitos de matriz cerâmica SiCp/Al2O3

No presente trabalho, o objetivo foi estudar as propriedades físicas dos compósitos de matriz cerâmica SiCp/Al2O3 com diferentes fracções de volume de $SiCp$. Os compósitos de matriz cerâmica SiCp/Al2O3 na sua condição de preparados com diferentes formas são mostrados na Figura. 3.11 (a) e (b). A partir da figura, pode observar-se que o compósito cresceu quase até às dimensões dos recipientes utilizados. Além disso, as dimensões do material compósito fabricado pelo processo DIMOX empregue neste trabalho são suficientemente grandes para facilitar as medições de várias propriedades físicas e mecânicas. O crescimento do compósito foi considerado completo, com uma cavidade deixada para trás no reservatório metálico. Assim, pode-se dizer que o programa de processamento empregado no presente trabalho foi bem-sucedido na fabricação de compósitos de matriz cerâmica SiCp/Al2O3 em massa. É necessário garantir que o material tenha uma quantidade mínima de defeitos/vazios formados como consequência da técnica de processamento. Antes de prosseguir com a avaliação de várias propriedades físicas dos compósitos SiCp/Al2O3, tais como o coeficiente de expansão térmica (α), a velocidade ultra-sónica (V) e a condutividade térmica (λ), o material foi avaliado quanto à sua densidade e porosidade.

4.3.1. Densidade e porosidade

A densidade e a extensão da porosidade em qualquer material compósito são de importância crucial para decidir as suas propriedades finais. A presença de porosidade tem um grande efeito nas propriedades mecânicas, ultra-sónicas e outras dos materiais [112]. Finalmente, um material compósito com porosidade não homogénea comporta-se de forma imprevisível.

As medições de densidade e porosidade foram efectuadas nas amostras seguindo o procedimento elaborado na secção 3.2.3.1. Apenas a porosidade aberta pôde ser acedida. Os valores da densidade das amostras em função da fração volumétrica de SiC são apresentados na Tabela 4.12 e representados na Figura 4.50. A porosidade não varia muito em função do teor de SiC e os seus valores para as diferentes amostras são também apresentados na Tabela 4.12.

Tabela 4.12 Dados de densidade e porosidade para compósitos de matriz SiCp/Al2O3

Etiqueta	Fração de volume	Densidade, ρ (g/cc)	Porosidade (vol. %)
B1	0.35	3.25	8.25
B2	0.40	3.28	10.84
B3	0.43	3.31	9.50

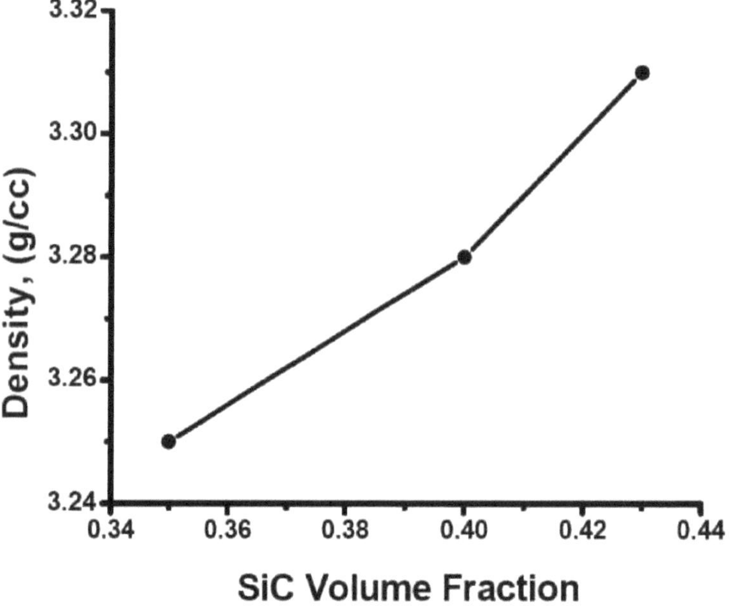

Figura 4.50 Variação da densidade a partir do princípio de Arquimedes para os compósitos de matriz cerâmica SiCp/Al2O3 em função da fração volumétrica de SiC.

Pickard *et al.* estudaram a variação da densidade e da porosidade em função do tamanho das partículas de SiC em compósitos de Al2O3 preparados pelo processo de oxidação dirigida de metais [30]. Verificou-se que a densidade aumentou com o tamanho da partícula. Mas a variação na porosidade foi relatada como irregular, variando entre 12 e 15%, o que é maior do que os níveis de porosidade observados no presente trabalho. No entanto, os níveis de porosidade no presente trabalho, que variam entre 8 e 11%, são inferiores aos de 3 a 4% e 4 a 5% no caso de Aghajanian *et al.* [113] e Murthy e Deepak [49], respetivamente. No entanto, é de notar que estes trabalhos utilizaram temperaturas muito elevadas. No entanto, a percentagem de porosidade é menor no presente trabalho, provavelmente devido à utilização de temperaturas de processamento mais baixas. Uma tentativa semelhante de Pickard resultou numa maior porosidade de 10 a 15%. Isto pode dever-se à utilização de partículas de SiC mais grosseiras para preparar a pré-forma no presente trabalho.

Um gráfico de várias fracções volumétricas de SiC é apresentado na Figura 4.51. Para os compósitos SiCp/Al2O3 com frações volumétricas variando entre 0,35 e 0,43, não foi possível observar uma tendência regular na variação da porosidade em função da fração volumétrica de SiC. Os níveis de porosidade observados nas amostras geradas no presente trabalho são geralmente mais baixos do que os valores relatados para DIMOX SiCp/Al2O3 noutros locais [30].

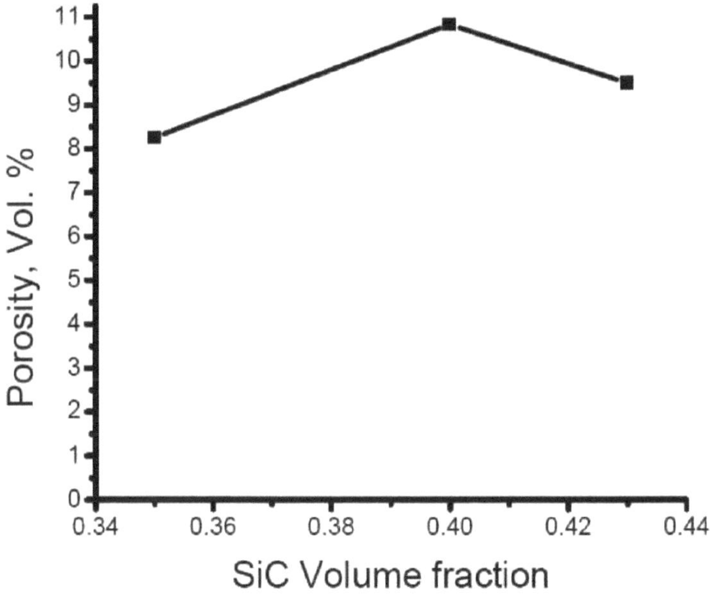

Figure 4.51 Variação da porosidade da CMC SiCp/Al2O3 em função da fração volumétrica de SiC.

4.3.2. Coeficiente de expansão térmica

Utilizando o processo de oxidação dirigida de metais, foram preparados compósitos de SiCp/Al2O3 com uma gama de fracções volumétricas de SiC e testados quanto a alterações dimensionais devidas a mudanças de temperatura. A Figura 4.52 mostra as amostras com dimensões de 25 mm de comprimento, 6 mm de largura e 6 mm de espessura utilizadas para medições do coeficiente de expansão térmica. Os resultados da alteração relativa do comprimento de uma amostra de material compósito SiCp/Al2O3 para diferentes fracções de volume de SiC em função da temperatura são apresentados na Figura 4.53.

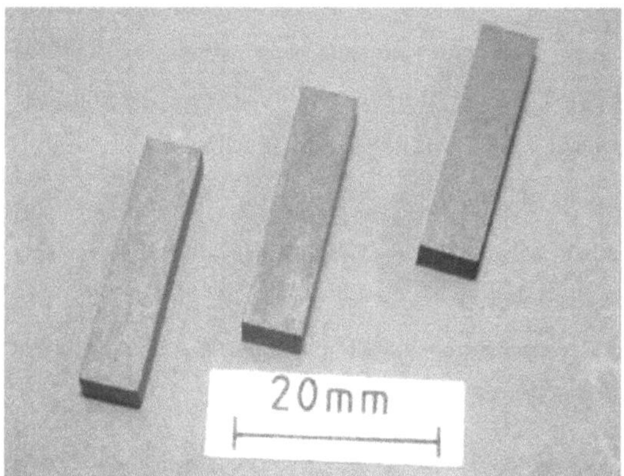

Figura 4.52 Amostras utilizadas para a medição do coeficiente de dilatação térmica

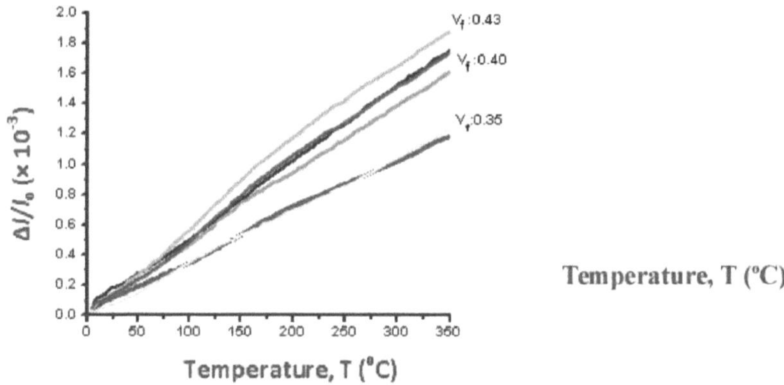

Figura 4.53 Gráfico da expansão relativa VS temperatura a partir da técnica de vareta para compósitos de matriz cerâmica SiCp/Al2O3 com diferentes fracções volumétricas de SiC

O coeficiente de expansão térmica no intervalo de temperatura de 50 - 300° C, tomado como a média de três medições para cada fração de volume do compósito, está listado na Tabela 4.13.

Tabela 4.13 Detalhes do coeficiente de expansão térmica dos compósitos SiCp/Al2O3 na gama de temperaturas de 25° C a 300° C.

Etiqueta	Fração de volume	CTE (x 10^{-6} /K)
B1	0.35	5.81
B2	0.40	5.52
B3	0.43	5.00

A variação do coeficiente de expansão térmica em função da fração de volume é mostrada na Figura 4.54. Verificou-se que o coeficiente de expansão térmica não é linear com a fração de volume de SiC.

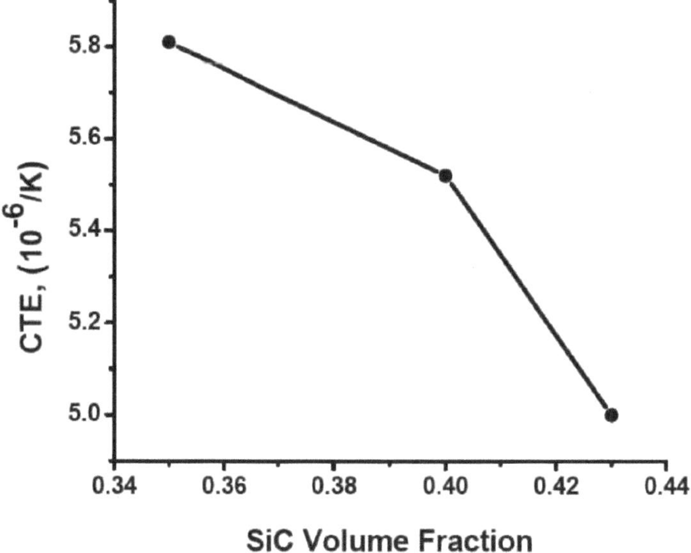

Figura 4.54 Variação do coeficiente de expansão térmica dos compósitos de matriz cerâmica SiCp/Al2O3 com a fração de volume.

No trabalho de A.S. Nagelberg mencionado anteriormente, o compósito Al2O3 -0.48 SiC foi medido para ter o CTE de 8.0 x 10^{-6} /K, o conteúdo de metal residual no compósito foi de 13% [31]. Este CTE é grande quando comparado com o obtido no presente trabalho, cuja principal razão reside no facto de o teor de metal residual ser de 13% em vez de 3% nas nossas amostras, o alumínio metálico tcm um CTE de 22 ppm/^{0} C em comparação com 4 ppm/^{0} C de SiC. No entanto, um coeficiente de expansão semelhante foi obtido em SiCw/Al2O3 fabricado pela técnica de prensagem a quente [114]; este facto realça ainda mais o potencial do processo DIMOX para se equiparar a métodos metalúrgicos em pó bem estabelecidos.

4.3.3. Módulo de elasticidade

A velocidade do som foi medida pela técnica ultra-sónica de pulso-eco nos modos de vibração longitudinal e de corte. Para o efeito, foram maquinados provetes de 25 mm x 25 mm x 5 mm a partir de um bloco de compósito de matriz cerâmica e algumas amostras são apresentadas na Figura 4.55. Os resultados das medições de velocidade ultra-sónica em compósitos de matriz cerâmica SiCp/Al2O3 de diferentes fracções de volume são apresentados na Tabela 4.14. O erro na medição das velocidades ultra-sónicas foi estimado em α 0,14 %._

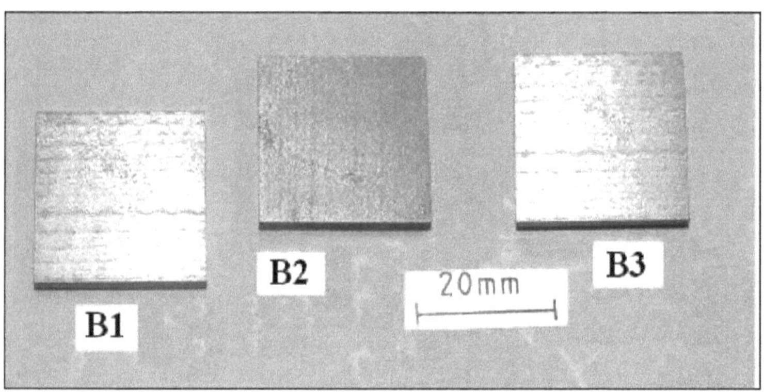

Figura 4.55 Amostra utilizada para medições da velocidade do som

Tabela 4.14 Velocidades da onda ultra-sónica em compósitos de matriz cerâmica SiCp/Al2O3

Etiqueta	Fração volume	Densidade de $(g^{/cc)}$	Velocidade longitudinal, c_L (m/s)	Velocidade de cisalhamento, c_s(m/s)
B1	0.35	3.25	8900	5178
B2	0.40	3.28	9421	4866
B3	0.43	3.31	9520	5730

Uma razão provável para os erros seria a existência de variações localizadas na densidade do provete. Isto é uma consequência direta de diferenças mínimas na fração volumétrica do reforço. Um gráfico da variação da velocidade de onda longitudinal e de cisalhamento em compósitos SiCp/Al2O3 em função da fração volumétrica de SiC é mostrado na Figura 4.56.

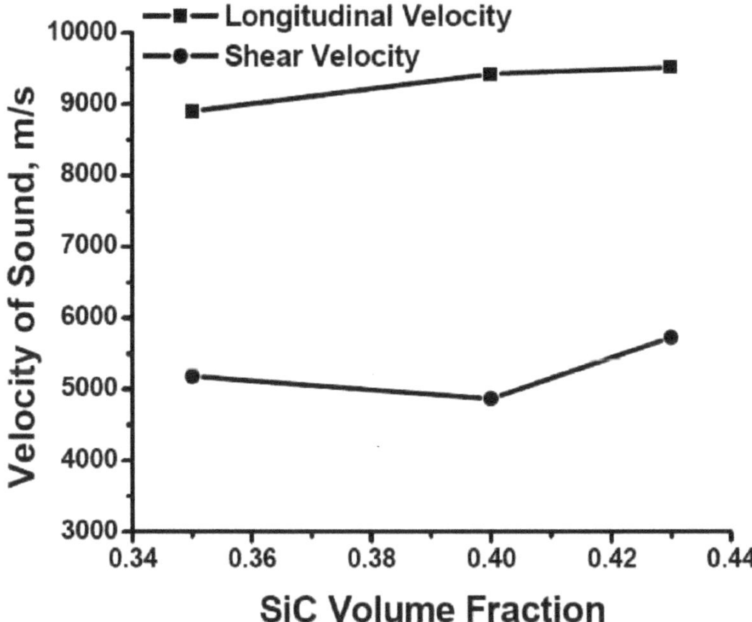

Figura 4.56 Velocidades do som em CMCs de SiCp/Al2O3 em função da fração volumétrica de SiC

A partir da figura 4.56, verifica-se que a velocidade da onda sonora longitudinal aumenta com o aumento da fração volumétrica de carboneto de silício, a fase de reforço. A variação da velocidade da onda de cisalhamento dos compósitos de matriz cerâmica SiCp/Al2O3 foi semelhante à da velocidade longitudinal na faixa de fração volumétrica de 0,35 a 0,43.

A distribuição homogénea das partículas de SiC pode ser observada a partir das microestruturas dos compósitos SiCp/Al2O3 com diferentes fracções volumétricas de SiC, mostradas na Figura 4.13. A natureza isotrópica dos materiais compósitos foi também confirmada pelo facto de não se terem verificado alterações substanciais na velocidade ao rodar a sonda de corte. Este facto reduz o número de constantes elásticas necessárias para a descrição do material. As velocidades ultra-sónicas obtidas como acima descrito foram utilizadas para calcular o coeficiente de Poisson de acordo com a relação.

$$v = \left[1 - 2\left(V_S/V_L\right)^2\right] / \left[2 - 2\left(V_S/V_L\right)^2\right] \qquad \textbf{4.1}$$

O coeficiente de Poisson obtido desta forma foi subsequentemente utilizado para a determinação dos módulos de Young (E), de cisalhamento (G) e de massa (K) dos compósitos para todas as fracções de volume, utilizando as fórmulas abaixo indicadas.

$$E = \rho V_L^2 \left[\frac{(1+v)(1-2v)}{(1-v)} \right] \qquad\qquad \text{---- } 4.2$$

$$G = \rho V_S^2 \qquad\qquad \text{---- } 4.3$$

$$K = \frac{E}{3(1-2v)} \qquad\qquad \text{--- } 4.4$$

Onde v_L: velocidade do som no modo longitudinal, v_S - velocidade do som no modo de cisalhamento, $\sim$ - coeficiente de Poisson, E - módulo de Young, G - módulo de cisalhamento e K - módulo de massa. Os resultados são apresentados na Tabela 4.15 abaixo.

Tabela 4.15 Módulos elásticos calculados a partir das velocidades ultra-sónicas

Label	Fração de volume	de Poisson Rácio, v	Módulo de Young, Y (GPa)	Módulo de cisalhamento, G (GPa)	Módulo de massa, K (GPa)
B1	0.35	0.26	207.11	88.47	148.35
B2	0.40	0.31	213.63	78.55	164.91
B3	0.43	0.21	262.00	87.11	189.60

As variações nos módulos dos compósitos de matriz cerâmica SiCp/Al2O3 foram então analisadas em função da fração volumétrica de SiC. As observações estão representadas na Figura 4.57, para os módulos de Young, cisalhamento e bulk. Pode observar-se na Figura 4.57 que estes módulos de Youngs e Bulk aumentam com o aumento da fração volumétrica dos compósitos de matriz de alumina reforçada com carboneto de silício. O módulo de cisalhamento diminui ligeiramente com o aumento da fração volumétrica de SiC. A variação dos módulos é quase linear com a fração de volume de SiC na gama: 0,35 a 0,43, estudados no presente trabalho.

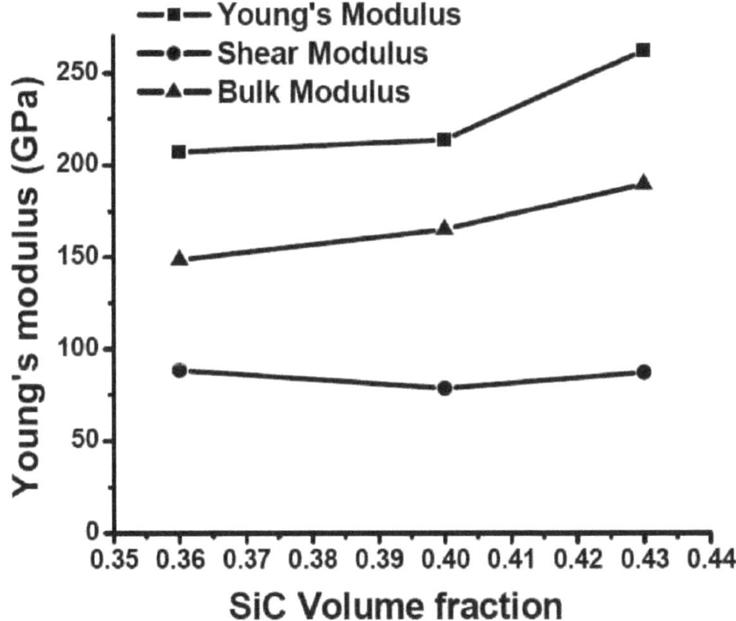

Figura 4.57 Variação das propriedades elásticas dos compósitos de matriz cerâmica SiCp/Al2O3 em função da fração volumétrica de SiC

C. Gault *et al.* relatam o módulo de elasticidade de duas cerâmicas à base de Al2O3, como a zircónia de mulita de alumina e o óxido de crómio de alumina, fabricadas por sinterização. O módulo de elasticidade medido pelo método de vibração ultra-sónica foi de 78 GPa e 141 GPa, respetivamente [17]. Newkirk *et al.* registaram um módulo de elasticidade de 286 GPa para compósitos de Al2O3 reforçados com partículas de SiC produzidos por processo de oxidação dirigida de metais [31]. S.M. Pickard *et al.* [30], fabricaram um compósito de Al2O3+SiC usando o processo DIMOX e encontraram um módulo de elasticidade de ~ 260 GPa, usando um reforço de partículas de tamanho 165 µm. Da mesma forma no presente trabalho, onde empregando uma temperatura de processamento mais baixa, foram obtidos compósitos SiC- Al2O3 com módulo de Young entre 207 a 262 GPa. Y. Akimune *et al.* estudaram o módulo de Young de compósitos de SiC /Al2O3 fabricados pelo processo de oxidação dirigida de metais. O módulo foi medido pelo método de ressonância ultra-sónica e foi encontrado como sendo de 322 GPa [106]. Outro trabalho dos inventores do processo DIMOX, viz: Nagelberg *et al.* [31], relatou o compósito Al-48% SiC preparado pelo processo de oxidação dirigida de metais. O valor do módulo de Young foi de 320 GPa. A comparação do nosso trabalho com os valores da literatura mostra que a tendência de aumento do módulo com o aumento da fração volumétrica do reforço é observada na maioria dos casos.

83

4.3.4. Condutividade térmica

A condutividade térmica dos compósitos de matriz SiCp/Al2O3 foi obtida a partir de medições do Sistema Comparativo de Fluxo de Calor Guardado-Axial. A Figura 4.58 mostra os espécimes com 25 mm de diâmetro e 5 mm de espessura que foram maquinados a partir de um bloco de compósito de matriz cerâmica utilizado para a medição da condutividade térmica. Os valores de condutividade térmica resultantes estão listados na Tabela 4.16.

Figura 4.58 Amostra utilizada para medições da condutividade térmica

Tabela 4.16 Condutividade térmica média dos compósitos de matriz cerâmica SiCp/Al2O3

Etiqueta	Fração volumétrica SiC	Condutividade térmica (W/ m de K)
B1	0.35	25
B2	0.40	29
B3	0.43	35

A Figura 4.59 mostra os gráficos de condutividade térmica versus temperatura para os compósitos de matriz Al2O3 reforçados com SiC testados no Sistema Comparativo de Fluxo de Calor Guardado-Axial a todas as temperaturas entre 50° C - 300° C. Para cada compósito, a condutividade térmica diminui ligeiramente com a temperatura. Os valores de condutividade térmica encontram-se na gama de 25 W/m K - 35 W/mK para fracções de volume de SiC entre 0,35 - 0,43.

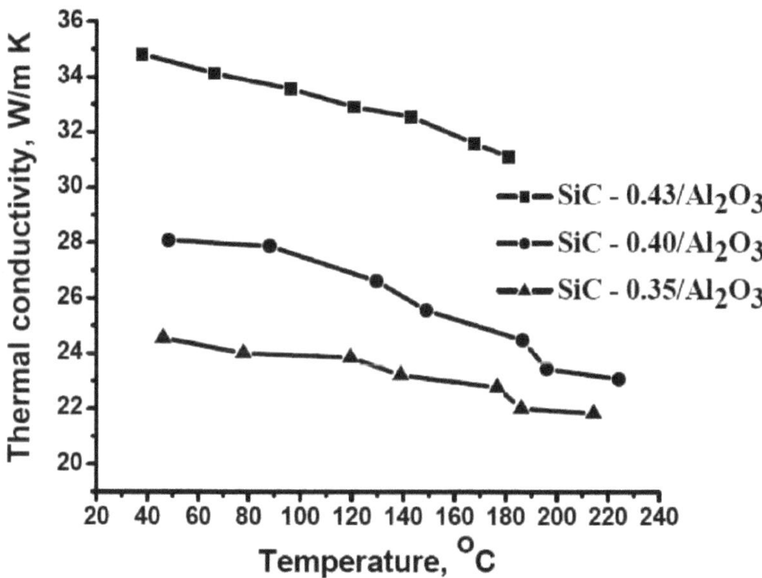

Figura 4.59 Variação da condutividade térmica do compósito de matriz cerâmica SiCp/Al2O3 em função da temperatura

A condutividade térmica do SiC/Al2O3 aumenta em função das fracções de volume de SiC, como se mostra na Figura 4.60. Um valor máximo de K de 35 W/m.K é atingido à temperatura ambiente para uma fração volumétrica de SiC de 0,43.

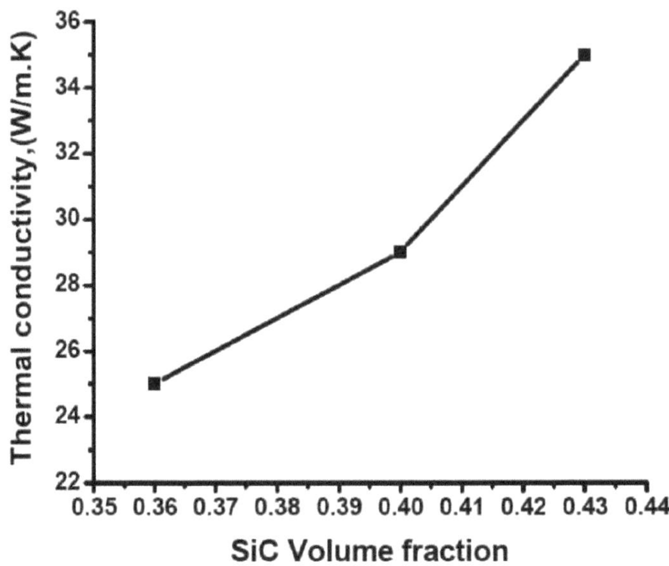

Figura 4.60 Variação da condutividade térmica do compósito de matriz cerâmica SiCp/Al2O3 em função da fração volumétrica de SiC

A.S. Nagelberg *et al*. estudaram a condutividade térmica de compósitos de matriz de alumina reforçados com partículas de SiC fabricados pelo processo de oxidação dirigida de metais. A condutividade dos compósitos varia entre 70 W/m.K e 20 W/m.K para temperaturas de 25° C a 1000° C. Também relataram a condutividade térmica de compósitos 2-D Nicalon/alumina produzidos por processo de oxidação de metal dirigido. A condutividade dos compósitos varia entre 8,7 W/m.K e 5,5 W/m.K, para temperaturas entre 100° C - 1200° C [31].

M. Belmonte *et al*. relatam a condutividade térmica de compósitos de Al2O3 /20 vol. % SiC preparados por prensagem a quente a 1500° C em função do tamanho do grão de SiC. A condutividade térmica foi medida pelo método de flash laser e situa-se no intervalo de 17,10 a 31,0 W/m K desde a temperatura ambiente até 500° C [52]. L. Fabbri *et al*. referiram que a condutividade térmica dos compósitos Al2O3/SiCw é ligeiramente superior à do Al2O3 puro, e o valor mais elevado registado para os compósitos Al2O3 -30 vol. % SiCw foi de 40 W/m K [84]. Rafael Barea *et al*. estudaram a condutividade térmica de compósitos de plaquetas de SiC / Al2O3 prensadas a quente de 0 - 30 vol. %. A condutividade medida em função do teor de plaquetas variou no intervalo de 42 - 49 W/m K [85]. Os valores de condutividade térmica à temperatura ambiente também estão de acordo com os dados encontrados na literatura para compósitos de matriz SiCp reforçada com Al2O3 (17,10 - 70 W/m-k) [23,32] e compósitos de matriz SiCw/ Al2O3 (24 - 34 W/m K, 40 W/m K) [52,58], outros compósitos à base de Al2O3 (42 - 49 W/m K) [59];. A elevada condutividade térmica de 70 W/m K à temperatura ambiente foi registada por A.S. Nagelberg para compósitos de alumina reforçados com SiC com 48 vol. % de SiC e 13 vol. % de metal no compósito e que utilizaram SiC #500. No presente trabalho, o valor mais elevado de condutividade é de 35 W/ m K para vr 0,43, e utilizou partículas de SiC mais grossas como reforço. A condutividade térmica aumenta com o aumento da fração volumétrica. Um valor baixo de condutividade térmica no presente trabalho, em comparação com o do inventor, deve-se ao menor teor de metal, a partículas de SiC mais grosseiras ou a ambos.

Os compósitos exibiram um baixo coeficiente de expansão térmica entre 5,81 - 5,0 x 10^{-6} /K e níveis de módulo de Young entre 207 e 262 GPa para fracções de volume de SiC entre 0,35 e 0,43. O coeficiente de expansão térmica mais baixo, a baixa densidade, o módulo elevado e a condutividade térmica relativamente elevada, devido à presença de canais de alumínio, podem tornar o material atrativo para embalagens electrónicas e podem competir com o KOVAR atualmente utilizado (CTE ~ 5,2 ppm/° C, densidade ~ 8100 kg/m^3 , condutividade térmica ~11-17 Watts/ m. K) em algumas aplicações, como se mostra na Tabela 4.17.

Quadro 4.17 Propriedades térmicas do dispositivo semicondutor, do substrato electrónico e dos materiais de embalagem electrónica [1]

Sl. Não.	Material	Descrição	Densidade (g/cc)	CTE (x 10^{-6} /K)	Térmica Condutividade (W/ m. K)
1	GsAs	Dispositivo	5.2	6.5	54
2	Al2O3	Substrato	3.9	8.3	30
3	Kovar	Embalagem/dissipador de calor	8.2	5.6	17
4	SiCp/Al2O3/Al* (43% SiC)	Embalagem/dissipador de calor	3.31	5.80	35

* Trabalho atual

5. RESUMO E CONCLUSÕES

Este capítulo resume o trabalho realizado na presente tese e apresenta sugestões para trabalhos futuros

São apresentados os pormenores do processo de oxidação de Al fundido no ar para formar Al2O3 a uma taxa robusta, mas controlada. As experiências são efectuadas com diferentes dopantes de superfície, nomeadamente SnO2, Bi2O3, CaCO3, MgO, ZnO, TiO2, Y2O3, (SnO2+Bi2O3) e (MgO+ ZnO). Observou-se que a conversão do metal em óxido só foi possível com o dopante (SnO2+Bi2O3) como promotor de crescimento. Os outros não provocaram o crescimento do óxido a partir do metal fundido. Assim, o dopante SnO2+Bi2O3 foi utilizado como promotor de crescimento para o fabrico de compósitos de matriz cerâmica em massa.

Assim, o processo de oxidação dirigida de metais patenteado pela Lanxide Corporation pode ser reproduzido/modificado para fabricar compósitos de matriz de Al2O3 reforçados com partículas de SiC [33]. Para além da Lanxide Corporation, é a primeira vez que amostras de compósitos de matriz cerâmica com dimensões iguais ou superiores a 70 mm × 70 mm × 20 mm foram produzidas pelo processo de oxidação dirigida de metais. Este facto foi possível graças à identificação de uma adição superficial (SnO2+Bi2O3) como promotor de crescimento, até agora não relatada.

A identificação do material de molde adequado e o fabrico de moldes permitiram o fabrico em forma de rede de CMCs de SiCp/Al2O3. As atmosferas e temperaturas do processo foram optimizadas. O pó de SiC, que foi oxidado para minimizar a interação com o alumínio fundido, foi utilizado em diferentes tamanhos para desenvolver pré-formas nas quais a alumina cresceu. A fração volumétrica de SiC nas pré-formas foi controlada.

A microestrutura do compósito resultante tem Al2O3 e SiC como as fases principais e alumínio em canais e porosidade como as fases restantes. Estudámos o compósito com diferentes fracções volumétricas de SiC utilizando microscopia ótica e microscopia eletrónica de varrimento. As caraterísticas microestruturais foram as esperadas a partir de relatórios inventados sobre os compósitos gerados pela empresa Lanxide.

Os compósitos foram maquinados de forma adequada e utilizados para efeitos de várias medições de propriedades mecânicas e físicas. As condições desenvolvidas para a oxidação dirigida do metal foram favoráveis à infiltração da liga de Al fundida em pré-formas de SiC de fracções volumétricas elevadas. Estes compósitos com um baixo coeficiente de expansão térmica e boa resistência ao desgaste são adequados para aplicações de gestão térmica e de resistência ao desgaste.

As amostras de compósitos de matriz cerâmica SiCp/Al2O3 foram estudadas para identificar as várias fases presentes. A análise microestrutural do produto final confirmou a formação de uma matriz de Al2O3 em torno das partículas de SiC, juntamente com ZnO e Al metálico. Além disso, não se formaram fases deletérias como Al2O3 durante o processo de oxidação dirigida do metal, como evidenciado por XRD. A densidade dos compósitos foi medida pelo princípio de Arquimedes. Foi feita uma estimativa da porosidade presente nos compósitos e observou-se que a porosidade não tinha qualquer tendência regular com o aumento da fração volumétrica de SiC, a porosidade situava-se no intervalo 8 - 11%.

Verificou-se que o coeficiente de expansão térmica dos compósitos de matriz cerâmica SiCp/Al2O3 preparados no presente trabalho tem uma relação não linear com a fração volumétrica de 0,35 a 0,43. Os compósitos apresentaram baixo coeficiente de expansão térmica, variando entre 5,81 - 5,0 x 10^{-6} /K. Os resultados experimentais foram examinados com base nos modelos existentes para sistemas de duas fases. Os modelos matemáticos de Turner [117], Kerner [118], Thomas [119], foram todos considerados como tendo grandes desvios em relação aos resultados experimentais do coeficiente de expansão térmica dos compósitos de matriz cerâmica SiCp/Al2O3. De todos estes modelos matemáticos, a previsão de Kerner foi considerada como tendo uma concordância relativamente boa com os dados experimentais restritos a uma determinada fração de volume.

A avaliação do módulo de elasticidade de um material de engenharia é normalmente efectuada através de ensaios de tração do material, o que leva à perda de material. Os compósitos de matriz cerâmica SiCp/Al2O3 com elevada fração volumétrica de reforço são frágeis e os métodos convencionais para a avaliação do módulo de elasticidade não são fiáveis. Como alternativa, pode recorrer-se a ensaios ultra-sónicos não destrutivos de materiais compósitos. Foi difícil obter a reflexão da parede posterior devido à enorme atenuação nos espécimes, que se supõe ser devida à dispersão interfacial. Uma escolha adequada da frequência do transdutor permitiu a determinação das velocidades do som nos modos de vibração longitudinal e de corte. Verificou-se que a velocidade da onda longitudinal e a velocidade de cisalhamento têm uma relação linear com a fração volumétrica de SiC na gama de fracções volumétricas de 0,35 e 0,43 de SiC. As propriedades elásticas dos compósitos de matriz cerâmica SiCp/Al2O3 foram avaliadas a partir dos dados de velocidade ultra-sónica. Os níveis de módulo de Young variaram entre 207 e 262 GPa para frações volumétricas de SiC entre 0,35 e 0,43.

O coeficiente de expansão térmica mais baixo, a baixa densidade, o módulo elevado e a possível condutividade térmica elevada devido à presença de canais de alumínio podem tornar o material atrativo como material de embalagem eletrónica e competitivo com o KOVAR atualmente utilizado (CTE ~ 5,2 ppm/° C, densidade ~ 8100 kg/m^3 , condutividade térmica ~11-17 Watts/ m. K) em algumas aplicações, como se mostra na tabela 4.17.

No trabalho apresentado nesta tese, foram estudados os principais factores que contribuem para o crescimento dos compósitos de matriz cerâmica SiCp/Al2O3; a composição de uma liga de Al com adição de Mg, Si e Zn foi considerada óptima. Uma mistura de pós de Bi2O3 e SnO2 (50:50 em peso) foi considerada capaz de ajudar o crescimento do compósito a partir de uma superfície de liga quando é aplicada. O crescimento em direcções indesejadas pode ser travado pela adição de um revestimento de gesso. Os compósitos de grandes dimensões (70 mm × 70 mm × 20 mm) podem ser produzidos a partir desta disposição a temperaturas que variam entre 950^0 C e 1100^0 C em atmosfera de oxigénio. Aparentemente, não existe qualquer limitação quanto às dimensões possíveis. Demonstramos como os conhecimentos sobre o fabrico de moldes e as aplicações do promotor e do inibidor de crescimento podem ser utilizados para fabricar um cilindro de CMC. Esta é a primeira vez na literatura aberta que um espécime de compósito de matriz cerâmica $SiCp/Al2O3$ de grandes dimensões (70 mm × 70 mm × 20 mm) foi cultivado pelo processo DIMOX. Espera-se que o nosso estudo estimule trabalhos futuros que possam conduzir a amostras de compósitos ainda melhores. A análise microestrutural do produto final confirmou a formação de uma matriz de $Al2O3$ envolvendo partículas de SiC, juntamente com ZnO e Al metálico. Além disso, não se formaram fases deletérias durante o processo de oxidação dirigida do metal, como evidenciado por XRD. coeficiente de atrito ~ 0,34 a 0,45, ao deslizar contra ferro fundido cinzento com carga variável (15-30 N) para fração volumétrica de SiC entre 0,35 e 0,43. Os compósitos apresentaram um baixo coeficiente de expansão térmica, variando entre 5,81 - 5,0 x 10-6/K para fracções de volume de SiC entre 0,35 e 0,43.

RECOMENDAÇÕES PARA TRABALHOS FUTUROS

Embora tenhamos desenvolvido um método de crescimento de grandes espécimes de compósitos de matriz cerâmica SiCp /Al2O3 e de formação de componentes moldados a temperaturas relativamente baixas, há margem para um grande número de investigações que poderiam melhorar ainda mais o processo e os produtos. A principal vantagem do nosso trabalho é o facto de termos concebido e relatado de forma lúcida um método que permite a muitos grupos reproduzir o processo DIMOX e melhorar ainda mais este processo muito versátil.

Outras possibilidades são trabalhar com diferentes reforços: um exemplo é a alumina. Os reforços podem ter diferentes morfologias, por exemplo, fibras, plaquetas, etc. Outras possibilidades são o crescimento dos compósitos noutras atmosferas, por exemplo, em azoto, com propriedades muito diferentes para a matriz. O AlN é conhecido por ser um excelente condutor de calor.

A temperatura de crescimento do compósito poderia ser ainda mais reduzida em comparação com a utilizada neste trabalho, com a consequente diminuição dos níveis de porosidade e aumento do teor de metal residual. Esta possibilidade torna-se importante no contexto dos níveis de porosidade mais elevados encontrados nos materiais compósitos fabricados no presente trabalho e também relatados por outros sobre o DIMOX CMC. Entre as avaliações de propriedades, a avaliação das propriedades a temperaturas mais elevadas é de grande interesse: embora os compósitos contenham alumínio residual, é uma fase minoritária, apenas 3% em volume, e a sua presença não é suscetível de afetar desastrosamente as propriedades a altas temperaturas, particularmente para aplicações como permutadores de calor, motores de turbina, etc.

Seria igualmente útil alargar as técnicas de produção de compósitos desenvolvidas no presente trabalho ao fabrico de componentes industrialmente relevantes para a indústria automóvel, eletrónica, aeronáutica, defesa, etc.

REFERÊNCIAS

1. Guide to Selecting Engineered Materials", uma edição especial de Advanced Materials and Processes", vol. 2, n.º 1, 1967

2. K. T. Faber. Ceram. Eng. Sci. Proc. 5 (1984) 408.

3. A.G. Evans. Mater. Sci. Eng. 71 (1985) 3.

4. B.W. Rice. J. Mater. Sci. 19 (1984) 1267.

5. J.J. Mecholsky. Em "Fracture Mechanics of Ceramics". Vol. 6. Editado por R.C. Bradi, A.G. Evans. D.P.H. Hasselman e F.F. Lange (Plenum, Nova Iorque, 1983) p 165.

6. R. Stevens e P.A. Evans. Br. Ceram. Trans. J. 83 (1984) 28.

7. R.W. Rice. C.V. Matt. W.J. McDonough. K.R. McKinney e C.C.Wu. Ceram. Eng. Sci. Proc. 3 (1982) 698.

8. M.R. Piggott. "Load Bearing Fibre Composites" Pergamon, Oxford, (1980) p 211.

9. Y.Fu e A.G. Evans. Ata Metall. 33 (1985) 1515.

10. N. Claussen. J. Steeb e R.F. Pabst. J. Amer. Ceram. Soc. 56 (1977) 559.

11. S.M. Pickard, E. Manor, H.Ni, A.G. Evans e R. Mehrabian. The Mechanical Properties of Ceramic Composites Produced by Melt Oxidation, *Ata Metallurgica et Materials*, Vol, 40, Issue 1, janeiro de 1992, 177-184.

12. Charles Wick: *Engenharia de Produção*. 1988. Vol.100, pp. 81-86.

13. A.Chakraborty, K.K.Ray, e S.B.Bhaduri: *Materiais e processos de fabrico*.2000. Vol 15, pp.269-300.

14. A.Senthil Kumar, A.Rajadurai, e T.Sornakumar: *International Journal of Refractory. Metals Hard Materials*. 2003. Vol.21, pp.109-117.

15. G. Evans, "Prospective on the Development of High-Toughness Ceramics," *J. American Ceramic Society*, 73 [2], 1 87-206 (1 990).

16. R.K. Bordia e R. Raj, *Adv. Ceram. Soc.* 3[2] 122-126.

17. C. Gault, F. Platon e D. Le Bras, Materials Science and Engineering, 74 (1986) 105-111.

18. W.J.Lackey, D.P. Stinton, G.A. Cerny, A.C. Schaffhauser, e L.L. Fehrenbacher, *Adv. Ceram. Mat.* 2[1] (1987) 24-30.

19. F. Ye, T.C. Lei, Y. Zhou, *Materials Science and Engineering A* 281 (2000) 305-309.

20. Shih, C.J. Yang, J.M. and Ezis, A., Processing and performance of several SiC whisker-reinforced Al2O3 matrix composites. *Materials and Manufacturing Processes*, vol. 5. No. 1, 35-49 (1990).

21. Rhodes, J.F., Compósitos cerâmicos reforçados com bigodes. In Proceedings of the Fifth Annual Conference on Materials Technology, Materials Technology Center, Southern Illinois University, Carbondale, Il.1981. 205-219.

22. K. A. Al-Dheylan. Journal of Materials Processing Technology 155-156 (2004) 1986-1994.

23. Collin, M.I.K. and Rowcliffe, D.J., Influence of thermal conductivity and fracture toughness on the thermal shock resistance of alumina-silicon carbide-whisker composites. *J. Am. Ceram. Soc.* 2001, 84(6), 1334-1340.

24. Mark Headinger, DuPont Lanxide Composites Inc., Comunicação Privada

25. R. Naslain, "Compósitos de matriz cerâmica termo-estruturais: uma visão geral". Em Advanced Structural and Functional Materials, W.G. B Bunk Editor, Springer-Verlag (1991) 51-90.

26. R.T. Bhatt, U.S. Pat. No. 4689188, (1987).

27. R. Naslain, "Compósitos de matriz cerâmica termoestrutural: uma visão geral". Em Advanced Structural and Functional Materials, W.G. B Bunk Editor, Springer-Verlag (1991) 51-90.

28. O.Sbaizero e A.G. Evans, *Journal of American Ceramic Society*, 68 (1986) 481486.

29. M.S. Newkirk, H.R. Zwicker e A.W. Urquhart, "Composite Ceramic Articles and Methods of Making the Same," *European Patent Application No. 86300739.9,* Publ. No. 0193292, registado em 04.02.86.

30. S.M. Pickard, E. Manor, H.Ni, A.G. Evans e R. Mehrabian, *Ata Metall. Mater*, Vol. 40. No.1.pp.177 - 184 (1992).

31. A.S. Nagelberg, A.S. Fareed, e D.J. Landini, "Production of Ceramic Matrix Composites for Elevated Temperature Applications using the DIMOX^{TM} process," Processing and Fabrication of Advanced Materials for High Temperature Applications. Editado por V.A. Ravi e T.S. Srinivas, *The Minerals, Metals & Materials Society*, 128 - 142 (1992).

32. J.R. Gomes, A.S. Miranda, J.M. Vieira, R.F. Silva, Wear 250 (2001) 293-298.

33. M.S. Newkirk, A.W. Urquhart, H.R. Zwicker, e E. Breval, "Formation of Lanxide Ceramic Composite Materials," *Journal of Materials Research,* 1 [1], *81-89* (1986).

34. M.S. Newkirk, H.D. Lesher, D.R. White, C.R. Kennedy, A.W. Urquhart, e T.D. Char, "Preparation of Lanxide Ceramic matrix Composites: Matrix Formation by the Direted Oxidation of

Molten Metals," Ceramic *Engineering and* Science Proceedings, 8 [7-8], 879-885 (1987).

35. A.J. Moulson, "Revisão: Reaction-Bonded Silicon Nitride: Its Formation and Properties," *Journal of Materials Science, 14,* 1017- 105 1 (1979).

36. E. Breval. "Structure of Aluminum Nitride/ Aluminum and Aluminum oxide/Aluminum Composites Produced by the Direted Oxidation of Aluminum", journal *of the* American *Ceramic Society.* 76 *[7],* 1865-1886 (1993).

37. D. K. Creber. S.D. Poste, M.K. Aghajanian e T.D. Claar, "AlN Composite Growth by Nitridation of Aluminum Alloys." *Ceramic Engineering and Science* Proceedings, [7-8], 975-983 (1988).

38. H. LeHuY e S. Dallaire. "Effects of Si and Mg Dopants on the Kinetics of aluminum Growth by Nitridation," 302-311 in *Proceedings of the International Symposium on Ceramics and Metal Matrix Composites, CIM,* Vol. 17, Edited by H. Mostaghaci. Pergamon Press, Nova Iorque (1989).

39. W.B. Hilling, "Melt Infiltration Approach to Ceramic Matrix Composites," *Journal* of *the American Ceramic Society,* 71 [2], C96-C99 (1988).

40. S.-Y. Oh, J.A. Cornie. e K.C. Russell, "Wetting of Ceramic Particulates with Liquid Aluminum Alloys Pan II. Study of Wetability," *Metallurgical Transactions* A, *20A. 533-541* (1989)

41. C.G. Goetzei. Em *Cermets.* Editado por Tinkelpaugh e Crandall, Reinhold. 73 (1976).

42. A.S. Nagelberg, "Observations on the Role of Mg and Si in the Direted Oxidation of Al-Mg-Si Alloys," *Journal of Materials Research,* 7[2], 265 - 268 (1992).

43. A.S. Nagelberg, "Growth Kinetics of $Al_2O_3/Metal$ composites from a Complex Aluminum Alloy," *Solid State Ionics*, 32/33, 783 (1989).

44. O. Salas, H. Ni, V. Jayaram, K.C. Vlach, C.G. Levi e R. Mehrabian, J. Mater. Res. 7, 265 (1992).

45. Murali Hanabe, V. Jayaram e T.A. Bhaskaran, Ata. Mater. Vol.44, 2, pp. 819-829 (1996).

46. W.W. Smeltzer, "Oxidation of An Aluminum -3 Per Cent Magnesium Alloy in the Temperature Range 200^0 - 550^0 C," *Journal of the Electrochemical Society*, 105[2], 67 - 71 (1958).

47. C.N. Cochran, D.L. Belitskus, e D.L. Kinosz, "Oxidation of AluminumMagnesium Melts in Air, Oxygen, Flue Gas, and Carbon Dioxide," *Metallurgical Transactions B*, 8B [6], 323 - 332 (1977).

48. G.M. Seamans e E.P. Butler, Metall. Trans. 6A, 2055 (1975).

49. V.S.R. Murthy e A. Deepak, *British Ceramic Transactions* 1996(4).

50. Yeo - Bum Yun e Song - Hee Kim e K. Niihar, *Journal of Ceramic Processing Research*, Vol.2, No.3.pp. 104 - 107 (2001).

51. B.W. Mott, Micro - Indentation Hardness testing, Butterwoths, Londres (1956).

52. Belmonte, M., Jurado, J.R., Treheux, D. e Miranzo, P., Papel do mecanismo de triboelectrificação no comportamento de desgaste de compósitos de plaquetas de Al2O3 - SiC. *Wear*, 1996, 199, 54-59.

53. Chung. S.K., Fracture Characterization of armor ceramics (Caracterização da fratura de cerâmicas de armadura). *Am. Ceram. Soc. Bull.*, 1990, 68 (3) 358-366.

54. A.II. Jones, R.S. Dobedoe, M.H. Lewis, *Journal of the European Ceramic Society* 21 (2001) 969-980.

55. V. Jayaram, S.K. Biswas, *Wear* 225-229 (1999) 1322-1326.

56. B.R. Lawn e E.R. Fuller, *J. Mar. Sci.* 10 (1975) 2016 - 2024

57. R. Nathan Katz, Role of Composition, Microstructure and Processing on the Performance of Ceramic Rolling Element Bearings, NIST, 17 de abril de 1991.

58. Karl-Heunz Zum Gar, *Microestrutura e desgaste de materiais*, 1987.

59. M.B. Peterson, Design Consideration for Effective Wear Control, Wear Control Handbook, 1980.

60. R.G.Bayer, "Mechanical Wear Prediction and Prevention", Wear Mechanisms, 1994.

61. Yushu Wang e Stephen M. Hsu, "Wear and Wear Transition modeling of ceramics", Wear, 195 (1996), 25-46.

62. G.R. Bremble e B.G. Brothers, An Experimental Investigation into the friction and wear characteristics of unlubricated roller bearings, Wear, 17 (1971), 165-183.

63. B.Pugh, Friction and Wear.

64. Kenneth C. Ludema, Friction, Wear, Lubrication, A textbook in Tribology.

65. Herzberg, R. Deformation and Fracture Mechanics of Engineering Materials, 1983.

66. S.S. Kim, K. Kato, K. Hokkirigawa, H. Abe, "Wear Mechanism of Ceramic Materials in Dry Rolling Friction", Transactions of the ASME, Vol 108, outubro de 1986, 522526.

67. S. Nemat - Nasser, H. Horii, *J. Geophys, Res. 87* (1982) 6805.

68. H. Horii, S. Nemat, S., *Phil. Trans. Roy. Soc.* London, 319 (1986)337 - 374

69. Munoza, Martinez - Fernandez.J. Dominguez - Rodriguez. A. Singh. M., *Journal of the European Ceramic Society*, ISSN 0955-221

70. Johnson, L.F., Hasselman, D.P.H. e Rhodes, J.F., Effect of VS-SiC reinforcement on the thermal diffusivity/conductivity of an alumina matrix composite. Em *cerâmicas endurecidas por bigodes e fibras*, ed. R.A. Bradley, D.F., *e Rhodes, J.F., Effect on thermal diffusivity/conductivity of an alumina matrix composite*. R.A. Bradley, D.E. Clark, D.C. Larsen e J.O. Stiegler. ASM International, Metals part, OH, 1988, pp. 275-279.

71. R.L. Lehman, S.K. El-Ranaiby, e J.B. Wachtman, *Handbook on Continuous Fiber- Reinforced Ceramic Matrix Composites* (Nova Iorque: ACerS, 1995), p. 495.

72. L. Cartz, Nondestructive Testing (Materials Park, OH: ASM, 1995).

73. J. Kim et al., "*Nondestructive Evaluation of Continuous Nicalon Fiber Reinforced SiC Composites,*" *Nondestructive Evaluation and Materials Properties III,* ed. P.K. Liaw et al. P.K. Liaw et al. (Warrendale, PA: TMS, 1997), pp. 55-63.

74. P.K. Liaw et al., Ata Metall, 44 (5) (1996), p.2101.

75. Jeongguk Kim e Peter K. Liaw, JOM, novembro de 1998(vol. 50. no. 11).

76. N. Gribkov, A.A. Mukaseev e B.V.Shchetanov, Powder Metallurgy and Metal Ceramics. Vol. 9 (1970).D.K. Hsu. *Mat. Res. Symp. Proc.*, 365 (Pittsburg, PA; MRS' 1995), p. 203.

77. D.K. Hsu. *Simpósio de Res. Res. Symp. Proc.*, 365 (Pittsburg, PA; MRS: 1995), p. 203.

78. H.B. Huntington, "Ultrasonic Measurements on single Crystals," *Phy. Rev.*, 72, 321 (1947).

79. M.F. Markham, "Measurement of elastic constants by the Ultrasonic pulse method," *Brit. J. Appl. Phys.*, 56 [6, fornecimento] (1957).

80. J.K. Mackenzie, "The Elastic Constants of a solid containing spherical Holes," *Proc. Phys. Soc.* (London) B, 632 (1965).

81. G.M. Pharr, W.C. Oliver e F.R. Brotzen, *J.Mater.Res.* 7 (1992) 613

82. M.K. Aghajanian, N. H. Macmillan, C.R. Kennedy, S.J. Luszez, R. Roy, *Journal of Materials Science.* 24 (1989) 658 - 670.

83. Johnson, L.F., Hasselman, D.P.H. e Rhodes, J.F., Effect of VS-SiC reinforcement on the thermal diffusivity/conductivity of an alumina matrix composite. Em *cerâmicas endurecidas por bigodes e fibras*, ed. R.A. Bradley, D.F., *e Rhodes, J.F., Effect on thermal diffusivity/conductivity of an alumina matrix composite*. R.A. Bradley, D.E. Clark, D.C. Larsen e J.O. Stiegler. ASM International, Metals part, OH, 1988, pp. 275-279.

84. L. Fabbri. E. Scafe, e G. Dinelli, "Thermal and Elastic properties of Alumina-SiC whisker composites," *J. Eur. Ceram. Soc.*, 14 [5] 941-46.

85. Rafael Barea, *Journal of the European Ceramic Society*. 23 (2003) 1773-1778.

86. Manore, E., Ni, H., Levi C.G. e Mehrabian, R., *J.Am.Ceram.Soc.* 76,17771787,1993.

87. Dandapani, S.P., Jayaram e Surappa, M.K., *Act. Met and Mater*, 42,649-656, 1994.

88. ASTM-E 1225 -99, ASTM International, 100 Barr Harbor Drive, PO Box C700, West Conshohocken, PA 19428-2959, Estados Unidos.

89. R. Arpon, J.M. Molina, R.A. Sarvanan, C. Garci-Cordovilla, E. Louis e J. Narciso, *Ata Mater*, 2003; 51: 3145.

90. American Society for Testing and Materials 1997 Annual Book of ASTM Standards vol 4 (West Conshohochen, PA: ASTM)

91. ASTM E831, E228, ASTM International, 100 Barr Harbor Drive, PO Box C700, West Conshohocken, PA 19428-2959, Estados Unidos.

92. Kay Geels, *Preparação de amostras metalográficas e materialográficas, microscopia ótica, análise de imagens e ensaios de dureza*, em colaboração com a Struers A/S, ASTM International (2006).

93. F.B. Pickering, *The Basis of Quantitative Metallography*, Institute of Metallurgical Technicians, Monograph No 1.

94. G.I. Goldstein, D. E. Newbury, P. Echlin, D. C. Joy, C. Fiori e E. Lifshin, *Scanning Electron Microscopy and X-ray Microanalysis* (1981). Penum Press, Nova Iorque.

95. ASTM C1161-94, ASTM International, 100 Barr Harbor Drive, PO Box C700, West Conshohocken, PA 19428-2959, Estados Unidos.

96. ASTM E399-90, ASTM International, 100 Barr Harbor Drive, PO Box C700, West Conshohocken, PA 19428-2959, Estados Unidos.

97. ASTM E92, ASTM International, 100 Barr Harbor Drive, PO Box C700, West Conshohocken, PA 19428-2959, Estados Unidos.

98. ASTM-G99, ASTM International, 100 Barr Harbor Drive, PO Box C700, West Conshohocken, PA 19428-2959, Estados Unidos

99. D3410/D3410M-95, ASTM International, 100 Barr Harbor Drive, PO Box C700, West Conshohocken, PA 19428-2959, Estados Unidos.

100. ASTM E831, E228, ASTM International, 100 Barr Harbor Drive, PO Box C700, West Conshohocken, PA 19428-2959, Estados Unidos.

101. R. Truell, C. Elbaum e B. B. Chick, Ultrasonic Methods in Solid State Physics, Academic Press, New York, (1969), 53-158, 183-186, 365-368.

102. ASTM-E 1225 -99, ASTM International, 100 Barr Harbor Drive, PO Box C700, West Conshohocken, PA 19428-2959, Estados Unidos

103. KC Vlach, O Salas, H Ni, V Jayaram, CG Levi, R Mehrabian. A thermogravimetric study of the oxidative growth of Al2O3/Al alloy composites. J. Mater. Res., 1991; 6(9): 1982-1995.

104. Munoza, Martinez - Fernandez.J. Dominguez - Rodriguez. A. Singh. M., *Journal of the European Ceramic Society*, ISSN 0955-221.

105. Yan Hsu, J.R. e Speyer, R.F., *J. Mater. Sci.*, 27, 381-390, 1992.

106. Y. Akimune, Y. Katano, T. Akiba, T. Ogasawara, *Journals of Material Science Letters* 11 (1992) 695-697.

107. A. Ravikiran, V. Jayaram, S.K. Biswas, J.Am. Ceram. Soc. 80 (1) (1997) 219.

108. R. Arvind Singh, A.K. Sood, V. Jayaram, S.K. Biswas, Scripta Maters, 38 (4) (1998) 617.

109. R. Diwedi, Ceram. Eng. Sci. Proc. 12 (9) (1991) 2203.

110. J.R. Gomes, A.S. Miranda, J.M. Vieira, R.F. Silva, Wear 250 (2001) 293-298.

111. R. Westergard, A. Ahlin, N.Axen, S. Hogmarks.

112. M.J. Mc Laren, J.B. Watchman Jr. The Present and Future of Advanced Ceramic Materials, Primeiro Simpósio Internacional sobre Materiais e Metais Estratégicos, Rio de Janeiro, Marco, 1987.

113. M.K. Aghajanian, N.H. MacMillan, C.R. Kennedy, S.J. Luszcz, e R. Roy, *J. Mater. Sci.* **24**, 658-670 (1989)

114. Marianne I.K Collin e David J. Rowcliffe. Influence of Thermal Conductivity and Fracture Toughness on the Thermal Shock Resistance of Alumina-Silicon-Carbide- Whisker Composites [Influência da Condutividade Térmica e da Resistência à Fratura na Resistência ao Choque Térmico dos Compósitos de Alumina-Silício-Carbureto-Batedor]. *J.Am.Ceram.Soc,* 84[6] 1334-40 (2001).

115. S Santhosh Kumar[2] , V Seshu Bai, K V Rajkumar, G K Sharma, T Jayakuma[3] e T Rajasekharan. Módulo elástico de compósitos de matriz metálica Al-Si/SiC em função da fração de volume. . *Física D: Appl. Phys.* **42** 175504

116. Matter, M.; Gmur, T.; Cugnoni, J.; Schorderet, A. Computers and Structures. 2010, 88,

902.DOI: 10.1016/j.compstruc.20.10.04.008.

117. P.S. Turner, *J. Res. Natl. Bur. Stand.*, 37 (1946) 239.

118. E.H. Kerner, *Proc. Phys. Soc.,* B 69 (1956) 808.

119. J.P. Thomas, *Relatório da General Dynamics AD* 287-826 AQ$ (1960).

120. W. Voigt, *Lehrbuch der Krishtallphysik*, Leipzig. (1928).

121. A. Reuss, Z. *Angew Math.* 9 (1929) 49.

122. C. L. Hsieh e W.H. Tuan, *Mat. Sci. and Eng,* A 425 (2006) 349.

123. A.J. Owen e I. Koller, *Polymcr* 37 [3] (1996) 427.

124. Krishnaiah, M.V., Seenivasan, G., Sriram Murti, P. e Mathews, C.K. Thermal Conductivity of selected cermet materials. *J. Alloys Compounds*, 2003, 353, 315321.

125. Clyen, T.W e Withers, P.J. *An introduction to Metal Matrix Composites*, Cambridge Univ. Press, Cambridge, 1995.

126. Maksim Anotonov e Irina Hussainova. *Proc. Estanian Acad. Sci. Eng.*, 2006, 12, 4, 358-367.

127. PCPDFWIN versão 2.02 do ICDD (Conselho Internacional de Dados de Difração).

Printed by Books on Demand GmbH, Norderstedt / Germany